Stefanie Krahl

WO SEHEN SIE IHRE GRÖSSTEN SCHWÄCHEN?

Stefanie Krahl

WO SEHEN SIE IHRE GRÖSSTEN SCHWÄCHEN?

Der Jobinterview-Trainer
mit den optimalen Antworten

Bibliografische Information der Deutschen Nationalbibliothek
Die Deutsche Nationalbibliothek verzeichnet diese Publikation
in der Deutschen Nationalbibliografie; detaillierte bibliografische
Daten sind im Internet über *http://dnb.dnb.de* abrufbar.

metro**politan** – ein Imprint des Walhalla Fachverlags

1. Auflage 2019
© Walhalla u. Praetoria Verlag GmbH & Co. KG, Regensburg
Alle Rechte, insbesondere das Recht der Vervielfältigung und Verbreitung
sowie der Übersetzung, vorbehalten. Kein Teil des Werkes darf in
irgendeiner Form (durch Fotokopie, Datenübertragung oder ein anderes
Verfahren) ohne schriftliche Genehmigung des Verlages reproduziert oder
unter Verwendung elektronischer Systeme gespeichert, verarbeitet,
vervielfältigt oder verbreitet werden.
Produktion: Walhalla Fachverlag, Regensburg
Printed in Germany
ISBN 978-3-96186-021-0

INHALT

Willkommen zum Interview-Training!		7
Teil 1: Optimale Vorbereitung		**9**
1	Die Phasen eines Jobinterviews	11
1.1	Der Small Talk	12
1.2	Das Unternehmen stellt sich vor	14
1.3	Die Selbstpräsentation	15
1.4	Die Fragen	20
1.5	Die Rückfragen	21
1.6	Abschluss	24
2	Selbstreflexion	24
3	Den Lebenslauf auswerten	29
4	Vor dem Gespräch – im Gespräch – nach dem Gespräch	34
4.1	Die Einladung beantworten	34
4.2	Checklisten	36
4.3	Spickzettel – Was ich unbedingt sagen will	37
4.4	Tipps gegen die Nervosität	38
5	Der Dresscode	39
6	Das Telefoninterview	41
7	Auf was der Interviewer achtet	42
Teil 2: Optimale Antworten		**45**
	Informationsfragen	48
	Stressfragen	126
	Situationsfragen	174
	Fragen, bei denen Sie lügen dürfen	190
Zusammenfassung to go – 24 Übungskarten		**191**

Aus Gründen der Übersichtlichkeit wird nachstehend entweder die weibliche oder die männliche Form gewählt. Natürlich sind aber stets Personen jeden Geschlechts gleichermaßen gemeint.

WILLKOMMEN ZUM INTERVIEW-TRAINING!

Herzlichen Glückwunsch! Mit der Einladung zum Vorstellungsgespräch haben Sie den ersten Schritt in Richtung Traumjob bereits gemeistert. Ihre Unterlagen haben Eindruck hinterlassen und nun möchte die verantwortliche Person den Menschen hinter der Bewerbung kennenlernen.

Mit diesem Trainingsbuch bereite ich Sie optimal auf den Verlauf eines Vorstellungsgespräches vor. Dieses kann bereits bei der Ankunft und Begrüßung des Pförtners beginnen.

Wir werden uns zunächst die grundlegenden Inhalte eines Jobinterviews anschauen und auf Ihre Persönlichkeit und berufliche Situation eingehen. Danach folgt der zentrale Teil des Buches, in dem wir uns mit typischen und mit speziellen Fragen beschäftigen, die im Gespräch auf Sie zukommen könnten. Dazu gehören auch Fragen, die Sie bewusst aus Ihrer Wohlfühlzone locken sollen.

Sie kennen wahrscheinlich die berüchtigte Frage nach den eigenen Stärken und Schwächen und haben beim Gedanken daran ein mulmiges Gefühl im Bauch. Mit den vorformulierten Antworten biete ich Ihnen verschiedene Möglichkeiten, wie Sie diese und andere Fragen geschickt beantworten. Sie können und sollen die Vorschläge natürlich je nach Bedarf individuell abwandeln und schriftlich festhalten. Dafür ist in diesem Buch ausreichend Platz vorgesehen. Mein Ziel ist es, Sie so auf das Bewerbungsgespräch vorzubereiten, dass Sie keine Frage mehr aus dem Konzept bringt und Sie immer eine optimale Antwort geben können.

Wenn Sie nicht nur irgendeinen Job suchen, sondern eine Stelle, die Ihren persönlichen Vorstellungen und Karrierewünschen entspricht, ist es ratsam, sich mit der eigenen Persönlichkeit auseinanderzusetzen. Deshalb werden wir uns intensiv mit Ihren Fähigkeiten, Stärken, Schwächen sowie Ihren Zielen und den Anforderungen der zu besetzenden Stelle beschäftigen.

WILLKOMMEN ZUM INTERVIEW-TRAINING

Als Karriereberaterin in einer großen deutschen Bank sowie durch meine Selbstständigkeit als Bewerbungsschreiberin und -coach habe ich umfassende Kenntnisse und Erfahrungen im Bereich Bewerbung und Recruiting gesammelt und weiß, worauf es im Jobinterview ankommt. Dieses Wissen werde ich auf den nachfolgenden Seiten gern mit Ihnen teilen und erarbeiten.

Im hinteren, heraustrennbaren Teil des Buches finden Sie die wichtigsten Themen und Fragen noch einmal auf Übungskarten zusammengefasst. Diese können Sie zwischendurch und unterwegs nutzen, um Ihre Antworten zu wiederholen und sich auf das Interview vorzubereiten.

Ich freue mich auf unser gemeinsames Training und wünsche Ihnen viel Erfolg bei Ihrem Vorstellungsgespräch.

„ES IST NIE ZU SPÄT,
DER ZU WERDEN, DER MAN SEIN WILL."

Ihre
Stefanie Krahl

Stefanie Krahl ist Karriereberaterin in einer großen deutschen Bank und selbstständig als Bewerbungscoach. Zudem ist die Leipzigerin als Management-Beraterin für das Marketing, die Rekrutierung und die Bindung von Nachwuchskräften verantwortlich.

www.optimale-bewerbungshilfe.de

1

OPTIMALE VORBEREITUNG

1 DIE PHASEN EINES JOBINTERVIEWS

Ein Vorstellungsgespräch gliedert sich grob in sechs Phasen:

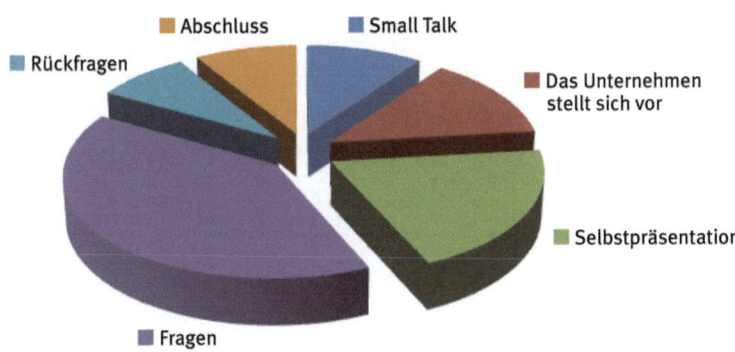

Wie fast jedes Gespräch, ob am Telefon oder auf einer Veranstaltung, startet auch das Jobinterview mit einem Small Talk, um das Eis zu brechen. Danach stellt sich das Unternehmen – oder bei internen Bewerbungen die Abteilung – kurz vor und geht dabei auf die Aufgabenstellung, die Zielsetzung und den Umfang der Stelle ein. Eventuell wird auch erwähnt, warum die Stelle geschaffen wurde oder neu besetzt werden soll. Andernfalls können Sie dies als Frage im Hinterkopf behalten.

Im Anschluss bittet der Gesprächspartner Sie, sich vorzustellen. Je nach Unternehmen und Aufgabengebiet kann dies eine einfache Beschreibung Ihres Werdegangs sein oder auch eine kreative Präsentation am Flipchart oder mithilfe von anderen Medien. Ihrer Kreativität sind hier kaum Grenzen gesetzt.

Nach der Selbstpräsentation kommt der Hauptteil des Gesprächs. Um Sie besser kennenzulernen und zu beurteilen, ob Sie zum Job und zum Unternehmen passen, werden Ihnen Fragen gestellt, die eine Einschätzung Ihrer Person ermöglichen sollen. Im Nachgang dürfen Sie Ihre Fragen stellen, damit auch Sie sich ein Bild davon machen können, ob das Unternehmen zu Ihnen passt und die Stelle Ihren Erwartungen entspricht. Der Gesprächsabschluss läuft ähnlich ab wie der Small Talk am Anfang.

Natürlich gibt es keinen allgemeingültigen Ablaufplan für Vorstellungsgespräche. Manchmal stellt sich zuerst der Bewerber vor und danach das Unternehmen, nicht immer kann man die Phasen eindeutig voneinander abgrenzen. Wie in anderen Gesprächen auch ist der Verlauf abhängig von den Gesprächspartnern und der Situation.

In größeren Unternehmen kann es vorkommen, dass Sie ein sogenanntes Assessment Center als Personalauswahlverfahren absolvieren müssen. Abgesehen vom Interview und der Selbstpräsentation kommen hier Gruppendiskussionen und diverse Übungen, beispielsweise ein Verkaufs- oder Mitarbeitergespräch als Rollenspiel, hinzu.

1.1 Der Small Talk

Ob mit der Empfangsdame oder direkt mit dem Chef, Small Talk ist ein wichtiger Türöffner. Sie wissen nicht, ob der Chef nicht später die Empfangsdame nach ihrer Meinung fragt.

Klassiker für das Eröffnungsgespräch sind diese Themen:

- Wetter
- Anreise
- Sport
- Kultur
- Regionales

Der Small Talk nimmt die Nervosität und sorgt für Lockerheit und eine angenehme Gesprächsatmosphäre. Zudem erkennen Ihre Gesprächspartner gleich, ob Sie ein umgänglicher Mensch sind. Es geht beim Small Talk also weniger darum, was Sie sagen, sondern wie Sie auf Ihr Gegenüber wirken. Politische Diskussionen oder unangenehme Themen sind daher nicht angebracht.

Wenn Sie nicht der Plauder-Typ sind, haken Sie am besten bei den Themen nach, die Ihr Gesprächspartner anbietet. Dies hilft auch, wenn Sie zu nervös sind und Ihnen spontan kein passendes Thema einfallen will. So kann der Personaler erzählen und erkennt trotzdem Ihr Interesse am Gespräch.

Wenn er von der Lage des Büros erzählt, fragen Sie beispielsweise, mit welchem Verkehrsmittel die Anfahrt am günstigsten ist. Erwähnt er das Wetter, können Sie fragen, ob es in den nächsten Tagen so schön/heiß/trüb/kalt bleiben soll.

Auf den Small Talk kann man sich bewusst vorbereiten. Achten Sie bei Ihrer Anreise zum Termin auf Besonderheiten, die als Gesprächsöffner dienen könnten.

„Ich hatte heute sehr viel Glück, dass trotz des Wetters alle Straßen frei waren. Sind Sie heute gut durch den Verkehr gekommen?"

„Die Stadt ist sehr schön. Ich werde mir heute Nachmittag auf jeden Fall noch das Schloss ansehen. Gehen Sie dort gelegentlich auch hin?"

„Sie haben sehr schöne Büroräume. Wann wurde das Haus gebaut?"

„Ihre Empfangsdame war sehr freundlich und hat mir den Weg gezeigt. In Ihren Räumen kann man sich leicht verlaufen. Ging es Ihnen anfangs auch so?"

Tipps für die ersten Minuten

Die ersten Minuten sind für den weiteren Verlauf des Gesprächs von großer Bedeutung. Für den ersten Eindruck gibt es bekanntlich keine zweite Chance. Daher sollten Sie gerade am Anfang darauf achten, dass Sie Ihrem Gesprächspartner offen und freundlich gegenübertreten.

Ein fester Händedruck signalisiert Sicherheit und schafft Vertrauen. Fragen Sie Ihre Freunde, wie sie Ihren Händedruck empfinden, wenn Sie sich nicht sicher sind, ob er zu fest oder zu schwach ist.

Der Gastgeber bietet Ihnen in der Regel einen Platz an. Die Höflichkeit gebietet es, diese Aufforderung abzuwarten und sich erst dann hinzusetzen.

Eine aufrechte offene Haltung sorgt für Sympathie. Das heißt, die Arme sollten nicht verschränkt werden. Die Ellbogen gehören nicht auf den Tisch. Halten Sie Blickkontakt und lächeln Sie.

Nehmen Sie angebotene Getränke (Wasser, Kaffee, Tee, Saft) an. Es kann natürlich sein, dass Sie keinen Durst haben, aber der Griff zum Glas verschafft Ihnen im Gespräch ein paar Sekunden Bedenkzeit. Sollten Sie im Gespräch einen trockenen Hals bekommen, müssen Sie nicht erst nach Wasser fragen.

In Deutschland gilt im Geschäftsleben als Anrede das „Sie". Wenn Ihnen der Gesprächspartner das „Du" nicht anbietet, sollten Sie es auch nicht verwenden.

Fragen Sie nach, ob Sie sich während des Gesprächs Notizen machen können. Das zeugt von Interesse und Genauigkeit.

Für Könner: Beobachten Sie die Körperhaltung Ihres Gegenübers und spiegeln Sie diese behutsam wider. Es löst Sympathie aus, wenn man die Bewegungen des Gesprächspartners – in Maßen – nachahmt (zum Beispiel: der Gesprächspartner trinkt, Sie trinken auch). Über Sympathie oder Ablehnung entscheiden meist die ersten fünf Minuten eines Gesprächs.

1.2 Das Unternehmen stellt sich vor

Nachdem der Small Talk beendet ist, geht es nun darum, sich gegenseitig kennenzulernen und in Erfahrung zu bringen, ob man zueinander passt. Machen Sie sich bewusst, dass es für das Unternehmen wichtig ist, die Stelle bestmöglich zu besetzen. Das heißt, auch das Unternehmen möchte Sie überzeugen, dass es der richtige Arbeitgeber für Sie ist.

Die anwesenden Personaler und/oder Chefs und Fach- und Führungskräfte stellen sich Ihnen in ihrer Funktion kurz vor und beschreiben das Unternehmen, die Kultur, die Arbeitsabläufe und natürlich die zu besetzende Stelle. Zu den Ausführungen gehört die Information, warum die ausgeschriebene Position neu besetzt oder geschaffen werden soll und welche Anforderungen erfüllt werden müssen.

Achten Sie darauf, was für ein Umgangston zwischen den Gesprächspartnern herrscht und ob sie respektvoll miteinander umgehen. So können Sie Rückschlüsse auf den Teamgeist und die Atmosphäre im Unternehmen ziehen.

1.3 Die Selbstpräsentation

Nun werden Sie als Bewerber aufgefordert, sich vorzustellen. Typisch sind offene Formulierungen wie:

- Können Sie uns etwas über sich erzählen?
- Bitte stellen Sie sich kurz vor.
- Bitte nutzen Sie die Gelegenheit, uns etwas von Ihnen zu erzählen.
- Warum haben Sie sich bei uns beworben?

Jetzt ist der Zeitpunkt gekommen, an dem Sie Ihre Präsentation über sich als Person, Ihren Werdegang und Ihre Qualitäten starten. Sie können sich dabei auch daran orientieren, wie sich Ihre Gesprächspartner vorgestellt haben.

An dieser Stelle herrscht bei vielen große Panik. Was kann ich Interessantes über mich erzählen? Alles gut, beruhigen wir uns. Es geht hierbei nicht um Ihre Lebensgeschichte, sondern um Ihre berufliche Eignung für die zu besetzende Position und Ihr aufrichtiges Interesse an dem Job. Eine Selbstpräsentation dauert zudem nicht länger als zwei bis fünf Minuten.

Anstatt mit persönlichen Daten anzufangen, überlegen Sie sich einen kreativen oder humorvollen Einstieg. Das bleibt im Gedächtnis und hebt Sie von den anderen Bewerbern ab.

Ähnlich wie in der schriftlichen Bewerbung legt man seinen beruflichen Werdegang dar und bezieht sich dabei auf die Aufgabenbereiche und Schwerpunkte, die für die zu besetzende Stelle relevant beziehungsweise maßgeblich sind. Bitte geben Sie den Lebenslauf aber nicht wortwörtlich wieder, sondern wählen Sie Etappen aus, die für Ihren Berufsweg entscheidend waren. Die Selbstpräsentation sollte genutzt werden, um die Qualifikationen strukturiert darzustellen, die Kompetenzen und Erfolge hervorzuheben und eventuelle Lücken geschickt zu erklären (bevor danach gefragt wird). Eine chronologische Darstellung ist nicht nötig, aber der rote Faden sollte erkennbar sein.

Filtern Sie im Vorfeld die Anforderungen aus der Stellenbeschreibung heraus und gleichen Sie diese mit Ihrem Profil und Ihrem Lebenslauf ab. Stellen Sie in der Präsentation eine Verbindung zwischen der Stelle, dem Unter-

OPTIMALE VORBEREITUNG

nehmen und Ihrem Profil her, aus welcher man schließen kann, dass Sie für die Position der oder die Richtige sind.

Auch zu Ihren Stärken und Schwächen haben Sie sich bei der Vorbereitung Gedanken gemacht. (Keine Sorge, darauf gehen wir in den folgenden Kapiteln noch ein.) Heben Sie in der Präsentation die Stärken hervor, die zu der angestrebten Position passen und die Sie eventuell von anderen Bewerbern unterscheiden. Erwähnen Sie auch Ihre Interessen, um das Bild von Ihrer Persönlichkeit abzurunden.

Bei der Vorbereitung Ihrer Selbstpräsentation sollten Sie also folgende Punkte beachten und sich Stichpunkte dazu machen:

- Einstieg (kreativ oder klassisch)
- der rote Faden der Präsentation (Dramaturgie)
- die Anforderungen an die Position
- Ihre Stärken
- eventuelle Lücken und Brüche im Lebenslauf
- Ihre Interessen

SELBSTPRÄSENTATIONSBEISPIEL 1:

Bewerbung für eine Position in der Auftragsabwicklung/im Verkaufsinnendienst in der Verpackungsbranche

„Ich bin Paul Schmidt, 30 Jahre alt und lebe in Leipzig mit meiner Frau und meinem Sohn. Aufgewachsen bin ich in Falkenberg/Elster im Süden Brandenburgs. Egal in welche Himmelsrichtung – man benötigt von dort mindestens eine Stunde bis zur nächsten Autobahn. Das ist ein Grund, warum ich nach dem Abitur nach Fulda gezogen bin, um eine Ausbildung zum Industriekaufmann bei Mercedes-Benz zu machen.

Nach der Ausbildung war ich ein Jahr im Teile- und Zubehörverkauf von Mercedes-Benz. In diesem Jahr zeichnete sich ab, dass eine Stelle in der Disposition für Transporter frei wird. Da man mich unbedingt in Fulda halten wollte, bekam ich sie und fülle diese seitdem erfolgreich aus. Zu meinem Aufgabengebiet gehört die Disposition von Transportern und Lkws. Das heißt, ich bin die Schnittstelle zwischen dem Verkäufer und den produzierenden Werken. Ähnlich wie in Ihrer ausgeschriebenen Position in der Auftragsabwicklung sorge ich dafür, dass die Fahrzeuge zum gewünschten Liefertermin, in der bestellten Ausstattung zum richtigen Kunden geliefert werden. Ich bin der interne Ansprechpartner für finanzielle, kaufmännische, organisatorische und technische Belange.

Der Wechsel von Fahrzeugen zu Verpackungen wird mir leicht fallen. Ich verstehe mich in erster Linie als Kaufmann mit hoher Kundenorientierung und kann mich für unterschiedliche Produkte begeistern.

Um mein technisches Verständnis weiterzuentwickeln, habe ich den Lkw-Führerschein gemacht. Damit bin ich in der Lage, die disponierten Fahrzeuge technisch besser zu verstehen. Gleichzeitig kann ich mit diesem Führerschein Fahrzeuge überführen, um den Kunden direkt zu unterstützen und die Kundenbindung zu verbessern. Durch meine hohe Einsatzbereitschaft habe ich bewiesen, dass ich schnell eine Verbindung zu den Produkten und Kunden aufbauen kann.

Warum möchte ich nun das Unternehmen und die Branche wechseln und bei Ihnen neu beginnen? Ich arbeite in Fulda, meine Frau in Leipzig, wir führen somit seit Jahren eine Wochenendbeziehung. Zum Wohle der Familie möchten wir dieses Lebensmodell beenden, sodass ich nun eine neue Stelle in Leipzig suche.

Bei meiner Recherche bin ich auf Ihr Unternehmen und diese Stellenanzeige gestoßen. Das Anforderungsprofil deckt sich mit meinen Qualifikationen und Erwartungen, sodass ich mich sehr freue, Ihnen heute gegenüberzusitzen. Als Ansprechpartner der internen Abteilungen und zentrale Anlaufstelle für Kundenanfragen könnte ich meine bisherigen Erfahrungen ausgezeichnet einsetzen. In die administrativen Aufgaben im kaufmännischen Bereich würde ich mich ebenfalls sehr schnell einarbeiten.

Ihr Unternehmen bietet ausgeprägtes technisches Know-how sowie maßgeschneiderte Kundenlösungen. Mit diesen Zielen kann ich mich vollkommen identifizieren und sie mit viel Motivation verfolgen. In der Branche bin ich zwar noch fremd, aber meine Ausbildung legt mich nicht auf eine Branche fest und in der Vergangenheit habe ich meine Fähigkeit, mich in neue Themengebiete einzuarbeiten, schon unter Beweis gestellt."

OPTIMALE VORBEREITUNG

SELBSTPRÄSENTATIONSBEISPIEL 2:
Bewerbung für die stellvertretende Leitung einer Kindertagesstätte

„Mein Name ist Lena Elster und ich erzähle Ihnen gerne etwas über mich und meine Leidenschaft für Menschen. Ich bin 43 Jahre jung und wohne in Berlin. Die Ausbildung zur Sozialversicherungsfachangestellten und das abgebrochene Tourismusmanagement-Studium in München waren für mich eine Phase des Ausprobierens – ich wusste noch nicht wirklich, was ich in meinem Leben erreichen will.

Jedoch merkte ich bei beiden Stationen, dass ich mehr Kontakt zu Menschen brauchte und dass ich auch aufgrund meines Fachabiturs wieder in die Richtung Sozialwesen gehen wollte. Was ich schließlich mit meinem Studium der Sozialen Arbeit in die Tat umsetzte.

Durch meine anschließenden Tätigkeiten in der JVA Frankfurt/Oder und in Moabit konnte ich meine Qualifikationen auf dem Gebiet der Beziehungsarbeit in einem schwierigen Umfeld einsetzen und ausbauen. In Moabit übernahm ich zudem die Abwesenheitsvertretung für die Abteilungsleitung. Dadurch habe ich erste Erfahrungen in der Einsatzplanung und Mitarbeitermotivation gesammelt. Aufgrund der JVA-Schließungen konnte die Senatsverwaltung mir die Stellen nicht verlängern.

Ich begann eine Tätigkeit im Bereich Betreutes Wohnen für Haftentlassene, psychisch Auffällige und Ex-Drogenabhängige. Nach einem Jahr verließ ich das Unternehmen, da ich ein berufsbegleitendes Masterstudium in „Bildung und Beratung" anstrebte und eine flexiblere Stelle dafür suchte.

In einer Kindertagesstätte hatte ich schließlich die Möglichkeit, ein studiengebundenes Forschungsprojekt im Bereich Pädagogik umzusetzen. Ich war dort das ganze Studium über als Erzieherin tätig und habe das Leitungsteam administrativ unterstützt. Die Arbeit mit den Kindern habe ich als bereichernd empfunden. Somit sind mir der Alltag einer Kindertagesstätte sowie die verwaltungstechnischen Aufgaben sehr vertraut. Zusätzlich half mir meine selbstständige Tätigkeit als Einzelfallhelferin, Kenntnisse in der Behindertenhilfe zu erwerben.

Ich möchte mich stets weiterentwickeln, persönlich und beruflich. Meine große Offenheit und Flexibilität sowie der Wille, stets Neues zu lernen, unterscheiden mich von anderen. Ich bin bereit, als stellvertretende Kitaleiterin Verantwortung für die Kinder, das Team und Ihr Haus zu übernehmen. Dabei liegen mir die Mitarbeitermotivation und die individuelle Förderung der Kinder sehr am Herzen."

SELBSTPRÄSENTATIONSBEISPIEL 3:

Bewerbung für eine Position als Leitende Sachbearbeiterin in der Stadtverwaltung

„Vielen Dank erst einmal für die Einladung zum Gespräch und zum persönlichen Kennenlernen. Ich bin Alexandra Schulze und 34 Jahre alt. Ich habe zwei Kinder und lebe in der Nähe von Münster. Aktuell bin ich als Steuerfachangestellte in einem Steuerbüro tätig.

In Ihrem Stellenprofil beschreiben Sie als Aufgaben die interne und externe Kommunikation, das Erlassen von Bescheiden und die Kassenverwaltung. Mein jetziges Tätigkeitsfeld deckt sich mit diesen Anforderungen, da ich im Steuerbüro regelmäßig Kontakt zu Mandanten und Ämtern habe. Zudem übernehme ich die Buchhaltung für Unternehmen sowie die Vorbereitung des Jahresabschlusses.

Nach der Schule habe ich eine Ausbildung zur Bürokauffrau erfolgreich abgeschlossen. Im Anschluss wurde ich schwanger und machte nach der Elternzeit eine Umschulung zur Steuerfachangestellten. Von meinem Praktikumsbetrieb wurde ich dann in eine Festanstellung übernommen.

Zu meinen Stärken zählt definitiv meine strukturierte, sorgfältige Arbeitsweise, durch die auch in anspruchsvollen Zeiten nichts untergeht. Diese disziplinierte Strukturiertheit ist gleichzeitig eine kleine Schwäche von mir, da ich mir in meiner Freizeit bewusst Auszeiten nehmen muss, um vom Job abzuschalten. Ich bin daher in der freiwilligen Feuerwehr, wo ich meinen Teamgeist und meine Kommunikationsstärke für die Allgemeinheit einsetzen kann.

Meine Chefin in der Steuerkanzlei geht Ende des Jahres in den Ruhestand und schließt das Büro. Daher nutze ich die Chance, mich beruflich neu zu orientieren. Ich bin schon immer sehr ehrgeizig, daher absolvierte ich auch eine Weiterbildung zur Bilanzbuchhalterin. Ich habe im Abendstudium und neben meinen zwei Kindern mit Bestnoten abgeschlossen. Mit mir gewinnen Sie somit eine qualifizierte und hoch engagierte Mitarbeiterin."

OPTIMALE VORBEREITUNG

1.4 Die Fragen

Nach Ihrer Präsentation geht es dem Arbeitgeber darum, sich ein genaueres Bild von Ihnen zu machen, zusätzliche Informationen einzuholen und herauszufinden, ob Sie zum Unternehmen beziehungsweise zum Team passen und die Position zur Zufriedenheit ausfüllen könnten. Dazu werden Ihnen Fragen gestellt, zu Ihrem Lebenslauf, zu Ihrer Motivation, zu bestimmten fachlichen Qualifikationen, zu Arbeits- und auch zu Verhaltensweisen.
Es gibt verschiedene Absichten, die mit den Fragen verfolgt werden.

Informations- oder auch Motivationsfragen

Der Interviewer braucht zusätzliche Informationen oder möchte die Stärke Ihrer Motivation besser einschätzen können.

Was hat Sie dazu bewogen, sich bei uns zu bewerben?
Was macht Ihnen an Ihrer Tätigkeit am meisten Freude?

Stressfragen oder auch Fangfragen

Diese Fragen und Ihre Reaktion geben dem Interviewer Auskunft über Ihr Verhalten in unangenehmen Situationen und dienen dazu, Sie aus der Reserve beziehungsweise aus der Komfortzone zu locken.

Sind Sie eher ein Anführer oder ein Ausführer?
Sie sind über- oder unterqualifiziert für die Position. Was meinen Sie dazu?

Situationsfragen

Ihr Gesprächspartner möchte herausfinden, wie Sie sich in bestimmten Situationen verhalten. Seine Fragen beginnen häufig so:

Stellen Sie sich vor, dass ...
Wie reagieren Sie, wenn ...?

Fachfragen

Natürlich werden auch jobspezifische Fragen gestellt. Diese kann man nur mit der entsprechenden Vorbereitung und Erfahrung souverän beantworten. Hier geht es darum, wie gut Sie für die zu besetzende Stelle geeignet sind. Analysieren Sie bei der Vorbereitung die Stellenbeschreibung möglichst genau und versuchen Sie, die relevanten Aufgaben zu formulieren.

Recherchieren Sie so viel wie möglich über das Unternehmen und den Geschäftszweig. Schauen Sie sich die Homepage an. Hat das Unternehmen vielleicht in den letzten Jahren Preise gewonnen oder sich besonders stark sozial engagiert?

Welche Kenntnisse bringen Sie für die Stelle mit?
Wie halten Sie sich fachlich auf dem Laufenden?

Fachfragen können auch mit Situationsfragen kombiniert werden.

Ich bin Ihr Kunde und möchte 15 Prozent Rabatt oder andere Sonderleistungen zum Produkt. Welche Möglichkeiten fallen Ihnen spontan ein?

Ihr Mitarbeiter arbeitet seit fünf Jahren einwandfrei. Welche Möglichkeiten sehen Sie, ihm eine Anerkennung zukommen zu lassen?

Sie sind mit der Aufgabe betraut, eine Kundenveranstaltung zu organisieren. Wie gehen Sie an die Herausforderung heran? Was sind Ihre ersten Schritte?

In unserem Unternehmen soll eine neue Software implementiert werden und Sie sind der Projektleiter. Nach welchen Kriterien stellen Sie Ihr Projektteam zusammen?

1.5 Die Rückfragen

Alle Fragen an Sie sind beantwortet. Das Unternehmen hat sich ein Bild von Ihnen gemacht und kann bereits einschätzen, ob Sie als Mitarbeiter infrage kommen. Nun sind Sie am Zug.

OPTIMALE VORBEREITUNG

Wichtig hierbei ist, offene statt geschlossene Fragen zu stellen. Das heißt, möglichst Fragen zu formulieren, die ausführlich vom Gegenüber beantwortet werden müssen. Während des Gesprächs können Sie sich bereits Notizen für Ihre Fragen machen. Das zeugt von Interesse und zeigt, dass Sie voll und ganz bei der Sache sind.

Hier einige Beispiele für Ihre Fragen im Interview:

„Wie wird die Einarbeitung ablaufen?"

„Wie würden Sie die Arbeitsatmosphäre in Ihrem Unternehmen beschreiben?"

„Wie groß wäre mein Team in dieser Position?"

„Welche Projekte stehen in nächster Zeit in der Abteilung an?"

„Welche mittel- und langfristigen Perspektiven bieten Sie mir an?"

„Wurde die Stelle neu geschaffen? Wenn nicht, warum ist mein Vorgänger nicht mehr in der Abteilung tätig?"

„Wie hoch ist der Anteil der Reisetätigkeit?"

„Gibt es Gleitzeit oder feste Arbeitszeiten?"

„Welche zusätzlichen Anforderungen, die nicht in der Stellenbeschreibung genannt sind, sind noch wichtig?"

„Gibt es einen groben Zeitplan für die Einstellungsentscheidung?"

„Kann ich den zukünftigen Arbeitsplatz sehen?"

„Wie beschreiben Sie Ihren Führungsstil?"

„Welches oberstes Unternehmensziel haben Sie?"

Die Königsdisziplin ist, sich im Gespräch Fragen zu merken und diese dann umgekehrt an den Personaler zu stellen. Werden Sie gefragt, was Ihnen an dem Unternehmen besonders gefällt, könnten Sie bei Ihren Rückfragen bemerken: „Sie haben mich vorhin gefragt, was mir besonders gut an Ihrem Unternehmen gefällt. Daher interessiert mich natürlich, was Sie als besonders an Ihrem Unternehmen empfinden."

Wurden Sie gefragt, wo Sie sich in fünf Jahren sehen, kann Ihre Rückfrage lauten: „Wo sehen Sie Ihr Unternehmen in fünf Jahren? Welche Ziele haben Sie?"

Lautete die Frage an Sie, wie Sie mit Veränderungen umgehen, wäre eine Rückfrage Ihrerseits: „Sie sprachen vorhin Veränderungen an, wann gab es die letzte Umstrukturierung im Unternehmen und was hat sich dabei geändert?"

Damit hinterlassen Sie garantiert Eindruck bei Ihrem Gegenüber.

Meine Rückfragen:

_____

_____

_____

_____

_____

_____

_____

_____

_____

_____

_____

1.6 Abschluss

Das Jobinterview nähert sich dem Ende. Erkundigen Sie sich, wann Sie mit einer Entscheidung rechnen können, wie der weitere Auswahlprozess aussieht und über welchen Kanal man mit Ihnen in Kontakt treten wird.

Nun geht das Gespräch in den sogenannten Abschluss-Small-Talk über. Themen hierfür sind zum Beispiel die Heimreise oder das folgende Wochenende. Halten Sie weiter Blickkontakt und lächeln Sie. Vergessen Sie nicht, sich für das Gespräch zu bedanken.

Auch nachdem Sie den Raum verlassen haben, bleiben Sie freundlich, egal wer Ihnen im Haus begegnet. Das Vorstellungsgespräch endet erst, wenn Sie außerhalb der Reichweite des Unternehmens sind. Dann heißt es durchatmen. Sie haben sich von Ihrer besten Seite gezeigt und warten, hoffentlich nicht allzu lange, gespannt auf das Ergebnis.

2 SELBSTREFLEXION

Wer sich selbst reflektiert und an sich arbeitet, ist erfolgreicher im Privatleben und im Beruf. Auch in einem Vorstellungsgespräch treten Sie sicherer und selbstbewusster auf, wenn Sie Ihre Stärken und Schwächen kennen und sich Gedanken über Ihren bisherigen Berufsweg und Ihre Erfolge gemacht haben. So wird es Ihnen leichter fallen, Ihre Aussagen mit Beispielen zu unterlegen. Beispiele machen Situationen für Ihr Gegenüber anschaulich und nachvollziehbar.

Wenn Sie sich mit sich selbst beschäftigen und mit sich selbst ins Gespräch kommen, werden Sie erkennen, was Sie als Person und als Mitarbeiter ausmacht. Das ist der erste Schritt zur persönlichen Weiterentwicklung.

Wer sind Sie? Welche Stärken haben Sie und an welchen Schwächen müssen Sie noch arbeiten, um diese in Stärken zu verwandeln? Oder ist vielleicht sogar alles perfekt, so wie es ist? Um das herauszufinden und sich selbst besser zu verstehen, sollten Sie sich Zeit nehmen und in sich gehen. Nachfolgende Fragen dienen als Leitfaden für Ihren Dialog mit sich selbst. Am besten beantworten Sie sie schriftlich. Fragen Sie danach gegebenenfalls einen Freund, ob Ihr Eigen- und sein Fremdbild zusammenpassen.

SELBSTREFLEXION

Wer bin ich und was ist mir wichtig?

_____

_____

Was macht mich charakterlich aus?

_____

_____

Welche Kompetenzen und Erfahrungen bringe ich mit?

_____

_____

Was macht mich zufrieden, was macht mich unzufrieden?

_____

_____

Was würde ich gern an mir/an meiner Situation ändern?

_____

_____

Welche fünf persönlichen Stärken habe ich? Wie setze ich diese bisher ein? Wie könnte ich diese noch besser einsetzen?

_____

_____

OPTIMALE VORBEREITUNG

Welche Fähigkeiten möchte ich erweitern?

_____

_____

In welchen beruflichen Situationen hätte ich mich im Nachhinein gern anders verhalten?

_____

_____

Welche Ziele habe ich? Wie kann ich diese erreichen?

_____

_____

Glaube ich an mich? Wenn nicht: Warum zweifle ich an mir?

_____

_____

Welche Aufgaben machen mir Spaß?

_____

_____

Wofür wurde und werde ich gelobt?

_____

_____

SELBSTREFLEXION

Was bedeutet für mich Erfolg?

_____

_____

Wie viel Zeit investiere ich täglich in mich und meinen Erfolg?

_____

_____

Hole ich mir aktiv Feedback meiner Vorgesetzten oder Kunden ein?

_____

_____

Bin ich veränderungsbereit oder habe ich Angst davor?

_____

_____

Habe ich genug Selbstbewusstsein oder sollte ich daran arbeiten?

_____

_____

Wenn Sie sich regelmäßig selbst reflektieren, werden Sie erfolgreicher und zufriedener sein. Nur wer sich selbst kennt und mag, kann andere von sich und seinen Stärken überzeugen.

Schreiben Sie einen Steckbrief mit Ihren Eigenschaften, Zielen und Entwicklungspotenzialen. Um sich Ihre Stärken und Schwächen bewusst zu machen, bietet es sich an, mit einer Skala, zum Beispiel von eins bis zehn, zu

OPTIMALE VORBEREITUNG

arbeiten. Welche Fähigkeiten und Eigenschaften werden im Berufsleben benötigt? Wie stark sind diese bei Ihnen ausgeprägt?

Zum Beispiel:

Ich bin organisiert	1 2 3 4 5 6 7 8 9 10
Ich bin teamfähig	1 2 3 4 5 6 7 8 9 10
Ich kann Aufgaben priorisieren	1 2 3 4 5 6 7 8 9 10
Ich setze mich durch	1 2 3 4 5 6 7 8 9 10
Ich bin konfliktfähig	1 2 3 4 5 6 7 8 9 10
Ich helfe gern	1 2 3 4 5 6 7 8 9 10
Ich kenne mich mit EDV-Systemen aus	1 2 3 4 5 6 7 8 9 10
Ich kann andere motivieren	1 2 3 4 5 6 7 8 9 10
Ich habe analytische Fähigkeiten	1 2 3 4 5 6 7 8 9 10
Ich treffe schnell Entscheidungen	1 2 3 4 5 6 7 8 9 10
Ich bin kundenorientiert	1 2 3 4 5 6 7 8 9 10
Ich bin handwerklich begabt	1 2 3 4 5 6 7 8 9 10
Ich kann referieren	1 2 3 4 5 6 7 8 9 10
Ich bin sozial	1 2 3 4 5 6 7 8 9 10
Ich spreche Fremdsprachen	1 2 3 4 5 6 7 8 9 10
Ich sehe Veränderungen als Chance	1 2 3 4 5 6 7 8 9 10

Meine Stärken:

_____

_____

Meine Schwächen:

_____

_____

Meine Ziele:

_____

_____

3 DEN LEBENSLAUF AUSWERTEN

Schauen Sie sich Ihren Lebenslauf an. Wo gibt es Lücken? Was ist nicht so gut gelaufen? Haben Sie ein Studium abgebrochen oder waren Sie in irgendeinem Bereich kürzer als ein halbes Jahr tätig? Warum?

Der Personaler wird Sie darauf ansprechen und wissen wollen, warum Sie so schnell gewechselt haben. Nicht nervös werden, nicht jeder Lebenslauf ist geradlinig, und das ist heute auch gar nicht mehr notwendig, solange man eine schlüssige Erklärung für seine Entscheidungen hat. Immer mehr Unternehmen suchen Mitarbeiter, die flexibel sind und den Mut haben, etwas zu verändern. Schließlich erfordert die Digitalisierung auch von Unternehmen Agilität, Perspektivwechsel und eine neue Fehlerkultur. Stehen Sie zu den Ecken und Kanten in Ihrem Lebenslauf. Für Personaler ist es interessant zu sehen, wie Sie mit Niederlagen umgehen. Vermitteln Sie, was Sie gelernt haben und wie Sie sich weiterentwickelt haben.

Freunde und Verwandte können helfen, kritische Stellen in Ihrem Lebenslauf zu identifizieren. Je genauer der Lebenslauf beäugt wird, desto vorbereiteter sind Sie auf den geschulten Blick des Personalmitarbeiters und können überzeugend auf Nachfragen reagieren.

Auf den folgenden Seiten finden Sie Beispiele für Fragen zum Lebenslauf, die in einem Vorstellungsgespräch auf Sie zukommen könnten. Dazu biete ich verschiedene Antwortmöglichkeiten an. Viel besser ist es jedoch, so eine Frage nicht erst abzuwarten, sondern die Lücke oder den Richtungswechsel in der Selbstpräsentation anzusprechen und zu erklären.

OPTIMALE VORBEREITUNG

Mögliche Fragen zu Ihrem Lebenslauf

Warum haben Sie so lange studiert?

„Ich habe ein/mehrere Auslandssemester/Reisen gemacht und konnte so meine Sprachkenntnisse und interkulturellen Kompetenzen vertiefen."

„In wurde in der Familie gebraucht. Ich habe die Pflege eines Verwandten übernommen und musste dafür eine Auszeit nehmen."

„Ich habe während des Studiums mehrere Praktika absolviert und mein Wissen in der Berufspraxis erprobt und angewendet."

Meine Antwort:

_____

_____

Warum haben Sie die Ausbildung/das Studium abgebrochen?

Sie hatten sicher gute Gründe dafür. Bitte positiv bleiben und keinem anderen die Schuld zuweisen!

„Mein Ausbildungsbetrieb meldete Insolvenz an. In diesem Zusammenhang habe ich die Chance genutzt, mich neu zu orientieren."

„Aufgrund einer Allergie/Krankheit konnte ich die Ausbildung leider nicht beenden."

„Ich habe nach einiger Zeit festgestellt, dass ich mir meine zukünftige Tätigkeit anders vorstelle und das Studium mich nicht weiterbringt. Nach intensiver Recherche und einem Praktikum weiß ich jetzt, dass die Neuorientierung richtig war."

DEN LEBENSLAUF AUSWERTEN

Meine Antwort:

_____

_____

Warum hatten Sie so schlechte Noten?

Wichtig ist auch hier, die Schuld nicht auf andere zu schieben. Seien Sie selbstbewusst.

„Ich hatte mit dem Umfang des Stoffs manchmal zu kämpfen. Allerdings habe ich in den letzten Monaten/Jahren dazugelernt und mein Selbstmanagement verbessert/alle Wissenslücken geschlossen/komme heute gut klar."

„Ich war damals häufiger krank. Daher habe ich viel Unterricht verpasst und konnte ihn nicht immer gleich aufholen. Mittlerweile bin ich komplett genesen und wieder voll einsatzbereit."

Meine Antwort:

_____

_____

Warum waren Sie so lange ohne Arbeit?/Warum haben Sie eine Lücke im Lebenslauf? Was haben Sie in dieser Zeit gemacht?

Arbeitslosigkeit kann jeden treffen und manchmal dauert es auch eine gewisse Zeit, bis man wieder den richtigen Job für sich findet. Zeigen Sie sich aktiv und motiviert.

OPTIMALE VORBEREITUNG

„Ich habe die Zeit für Fortbildungen und Kurse genutzt, um mich weiterzubilden."

„Ich war ein paar Monate auf Reisen, um Auslandserfahrungen zu sammeln und meine Sprachkenntnisse zu vertiefen."

„Ich habe ein Praktikum bei … gemacht, um mich neu zu orientieren. Allerdings musste ich feststellen, dass mich das Aufgabengebiet nicht erfüllt, und habe mich gegen den Einstieg in das Unternehmen entschieden."

„Ich habe mir bewusst Zeit gelassen, mich zu entscheiden. Ich habe mir sehr viele Gedanken über meine berufliche Zukunft gemacht und wollte einen passenden Job. Da hat die Suche etwas länger gedauert."

Meine Antwort:

_____

_____

Warum waren Sie nur ein halbes Jahr bei dem Arbeitgeber? Gab es Streit oder besondere Vorkommnisse?

„Nach einer Umstrukturierung und der Neuausrichtung der Unternehmensziele konnte ich mich mit der eingeschlagenen Richtung nicht mehr voll und ganz identifizieren."

„Ich habe schnell gemerkt, dass ich in dem Unternehmen unter meinen Möglichkeiten bleibe. Da es intern keine Alternativen gab, habe ich mich extern umgeschaut."

„Bei der täglichen Arbeit stellte sich schnell heraus, dass ich andere Vorstellungen vom Unternehmen und meinem Tätigkeitsfeld gehabt hatte.

So orientierte ich mich noch innerhalb der Probezeit um. Meinen Vorgesetzten hatte ich eingeweiht, sodass dieser sich in Ruhe um die Nachfolge kümmern konnte."

Meine Antwort:

_____

_____

Sie geben an, keine Fremdsprachen zu sprechen. Warum haben Sie bisher keine gelernt?

„Ich bin ehrlich gesagt mehr der naturwissenschaftliche Typ und mir fällt es eher schwer, eine Sprache zu erlernen. Aber was nicht ist, kann ja noch werden."

„Ich habe vor einiger Zeit einen Englisch-Sprachkurs absolviert. Allerdings musste ich die Sprache im täglichen Leben nie anwenden und das Gelernte ist damit nicht mehr präsent."

Meine Antwort:

_____

_____

Warum kennen Sie sich mit MS Office nicht aus?

„In meinen bisherigen Jobs habe ich mit anderen firmeninternen Programmen gearbeitet. Als ich die Anforderungen im Stellenprofil las, habe ich mich jedoch mit den Programmen auseinandergesetzt und mir einiges angeeignet."

„Ich habe mich erst in der letzten Zeit mit den Programmen von MS Office intensiver beschäftigt. Vorher hatte ich nur privat damit zu tun und daher keine berufspraktischen Anwendungskenntnisse."

Meine Antwort:

_____

_____

4 VOR DEM GESPRÄCH – IM GESPRÄCH – NACH DEM GESPRÄCH

4.1 Die Einladung beantworten

Ihre Bewerbungsunterlagen sind angekommen, haben beim Arbeitgeber Interesse geweckt und Ihnen eine Einladung zum Vorstellungsgespräch beschert. Bis hierhin sehr gut!

Nun stellt sich die Frage, wie Sie die Einladung auf sympathische und seriöse Art beantworten. Doch warum sollten Sie eigentlich überhaupt antworten?

Viele Unternehmen berichten, dass Bewerber Einladungen zu Vorstellungsgesprächen weder zu- noch absagen und damit eine Planung fast unmöglich machen. Sie stechen also positiv aus der Masse hervor, wenn Sie die Einladung kommentieren. Vielleicht passt Ihnen der genannte Termin aber auch nicht oder Sie haben kein Interesse mehr an der Stelle, weil Sie sich bereits für einen anderen Job entschieden haben. Auch dann gilt es, respektvoll zu handeln, denn eventuell bewerben Sie sich später erneut bei diesem Unternehmen. Die Führungskräfte und Personaler planen wertvolle Zeit ein, um Sie kennenzulernen. Kommen Sie einfach nicht zu dem Termin, ist das für die verantwortlichen Personen sehr ärgerlich.

Wie also beantworten wir die Einladung zu einem Vorstellungsgespräch?

VOR DEM GESPRÄCH – IM GESPRÄCH – NACH DEM GESPRÄCH

Bei Zusage des Termins:

Sehr geehrte/r Frau/Herr ... (Ansprechpartner),
vielen Dank für die Einladung zum persönlichen Kennenlernen am xx.xx.xxxx um xx:xx Uhr in Ihren Geschäftsräumen in der Straße Nummer. Gern bestätige ich hiermit den Termin. Falls es Änderungen gibt, erreichen Sie mich unter der Telefonnummer xy.
Ich freue mich auf unser Gespräch.
Mit freundlichen Grüßen
Vorname Zuname
Adresse

Bei Terminverschiebung:

Sehr geehrte/r Frau/Herr ... (Ansprechpartner),
vielen Dank für die Einladung zum persönlichen Kennenlernen am xx.xx.xxxx um xx:xx Uhr in Ihrem Hause. Leider kann ich diesen Termin nicht wahrnehmen, da ich mich zu der Zeit im Urlaub befinde/keinen Urlaub bekomme/einen wichtigen Geschäftstermin habe.
Alternativ kann ich Ihnen folgende Termine vorschlagen:
Montag, den xx.xx. um 14 Uhr
Donnerstag, den xx.xx. nachmittags
Freitag, den xx.xx. ganztägig
Ich freue mich auf das Gespräch mit Ihnen und verbleibe mit freundlichen Grüßen
Vorname Zuname
Adresse

Bei Absage des Termins:

Sehr geehrte/r Frau/Herr ... (Ansprechpartner),
vielen Dank für die Einladung zum persönlichen Kennenlernen am xx.xx.xxxx um xx:xx Uhr in Ihren Geschäftsräumen.
Ich habe mittlerweile die Zusage eines anderen Unternehmens erhalten/einen

neuen Job angetreten und ziehe daher meine Bewerbung in Ihrem Unternehmen zurück. Ich hoffe, Sie haben dafür Verständnis.
Vielen Dank und mit freundlichen Grüßen
Vorname Zuname
Adresse

4.2 Checklisten

Vor dem Gespräch

Ich ...
- habe eine verbindliche Bestätigung des Termins
- recherchiere den Anfahrtsweg mit Pkw oder öffentlichen Verkehrsmitteln
- kenne die Abfahrtszeit und habe mögliche Verzögerungen einkalkuliert
- notiere mir die Kontaktdaten des Unternehmens
- stelle mir gegebenenfalls den Wecker
- wähle saubere und der Branche entsprechende Kleidung aus und lege Wert auf ein gepflegtes Äußeres
- packe alles Notwendige ein:
  - Bewerbungsunterlagen
  - Notizblock und funktionierender Stift
  - Einladungsschreiben
- bin über das Unternehmen informiert
- habe mich auf das Gespräch vorbereitet
- kenne die unzulässigen Fragen
- habe die Selbstpräsentation geübt
- habe mich über das marktübliche Gehalt informiert
- schalte das Handy stumm

Im Gespräch

Ich ...
- begrüße alle Anwesenden mit einem Lächeln, festem Händedruck und nenne meinen vollständigen Namen
- bin freundlich und halte Blickkontakt
- höre aufmerksam zu
- mache mir gegebenenfalls Notizen
- verstelle mich nicht und bleibe mir treu
- nehme mir Zeit, um gestellte Fragen überlegt zu beantworten
- frage nach, wenn etwas unklar ist oder ich etwas nicht verstanden habe
- stelle meine vorbereiteten Fragen
- lächle und bedanke mich für das Gespräch

Nach dem Gespräch

Ich ...
- reflektiere das geführte Gespräch
    - War ich ausreichend vorbereitet?
    - War mein Outfit angemessen?
    - Sind das Unternehmen und die Position ansprechend?
- bewahre meine Notizen sorgfältig auf
- treffe für mich eine Entscheidung
- bedanke mich per E-Mail für das freundliche Gespräch
- nehme eine Absage nie persönlich

4.3 Spickzettel – Was ich unbedingt sagen will

Ein Jobinterview hat viel mit einer Prüfungssituation gemeinsam. Daher ist es völlig nachvollziehbar, dass Sie angespannt und nervös sind. So kann es passieren, dass Sie wichtige Fakten oder Fragen vergessen. Im Nachhinein fallen Ihnen dann Sachen ein, die Sie eigentlich unbedingt sagen und damit Ihren Gesprächspartner überzeugen wollten. Das kann ich aus eigener Erfahrung als Bewerber bestätigen. Damit diese Situation nicht eintritt, empfiehlt

OPTIMALE VORBEREITUNG

es sich, einen kleinen Spickzettel zu machen. Auf diesem vermerken Sie die wichtigsten Argumente, die für Sie als Kandidat für die Position sprechen. Nehmen Sie den Zettel mit ins Gespräch, um im Notfall einen Blick darauf werfen zu können.

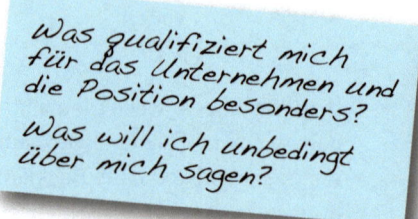

Was qualifiziert mich für das Unternehmen und die Position besonders?
Was will ich unbedingt über mich sagen?

4.4 Tipps gegen die Nervosität

Herzrasen, nasse Hände, das Gefühl, jeden Moment umzufallen? Keine Sorge, Sie sind nicht allein. Die meisten Menschen bringt so ein Termin mehr oder weniger ins Schwitzen. Ein Vorstellungsgespräch ist eine Herausforderung. In einer Stunde soll man einen fremden Menschen von sich als Mensch und zugleich als beste Besetzung für eine Stelle im Unternehmen überzeugen. Man darf nichts vergessen, soll charmant und cool sein und einen bleibenden Eindruck beim Gegenüber hinterlassen.

Ein bisschen Nervosität ist da völlig normal und auch angebracht. Sagen Sie es ruhig am Anfang des Gesprächs, wenn Sie sehr nervös sind. Der Personaler ist darauf vorbereitet und kennt die Situation. Zu viel Nervosität ist im Vorstellungsgespräch jedoch eher hinderlich. Achten Sie auch auf Ihre Körpersprache und zupfen Sie beispielsweise nicht an Ihrer Kleidung herum oder rutschen auf dem Stuhl hin und her. Konzentrieren Sie sich auf Ihre Haltung und Gesten, dadurch werden Sie gleichzeitig ruhiger.

Hier sind sechs weitere Tipps und Kniffe, wie Sie die Nervosität in Grenzen halten können:

1. Vorbereitung: Wer gut vorbereitet ist, geht sicherer ins Gespräch. Am besten eignet sich die schriftliche Vorbereitung.
2. Pünktlichkeit: Je näher der Termin rückt, während Sie noch unterwegs sind, umso unruhiger werden Sie. Planen Sie genug Zeit für die Anreise ein.
3. Durchatmen: Atmen Sie fünf Sekunden lang tief ein, zwei Sekunden warten und dann wieder fünf Sekunden ausatmen. Wiederholen Sie das mehrmals.

4. Flüssigkeit: Trinken Sie Wasser oder Saft, aber keinen Kaffee, da er Ihre Nervosität verstärken kann.
5. Bewegung und frische Luft: Machen Sie draußen noch ein paar Schritte, um den Kopf freizubekommen.
6. Lächeln Sie, dann schüttet Ihr Gehirn automatisch Glückshormone aus. Denken Sie auch an etwas Schönes wie zum Beispiel an den letzten Urlaub.

5 DER DRESSCODE

Sicherlich haben Sie sich auch schon die Frage gestellt, und das gilt nicht nur für Frauen: Was ziehe ich nur an? Wie bereits erwähnt sind die ersten fünf Minuten des Vorstellungsgesprächs entscheidend für den weiteren Verlauf. Dazu zählt auch der erste, äußerliche Eindruck.

Nicht umsonst heißt es: „Kleider machen Leute." Man kennt sich noch nicht, also entsteht der erste Eindruck aufgrund des Erscheinungsbildes. Zudem werden Sie vielleicht zukünftig das Unternehmen nach außen repräsentieren. Wenn Sie sichergehen wollen, schauen Sie sich die Mitarbeiter des Unternehmens vorher an. Tragen die Mitarbeiter Anzug und Kostüm oder sieht man viele in Jeans und Pullover? Auf den Stil der Kleidung der Mitarbeiter legen Sie dann im Vorstellungsgespräch noch eine Schippe drauf. Sie können aber auch im Vorfeld den Dresscode für Ihr Gespräch erfragen.

Der Dresscode hängt maßgeblich davon ab, für welche Stelle und in welcher Branche Sie sich beworben haben. Grundsätzlich sollte die Kleidung gepflegt, sauber und ohne Flecken oder Risse sein. Gute Schuhe sind ebenfalls Pflicht. Im Speziellen gibt es einige Regeln, die bei der Kleiderwahl zu beachten sind.

Für Männer und Frauen gleichermaßen gilt:

Sie sollten sich in jedem Fall wohlfühlen. Wenn Sie das Gefühl haben, verkleidet zu sein, ist es das falsche Outfit!

OPTIMALE VORBEREITUNG

Für Männer:

In der Finanzbranche, in Führungspositionen oder Bereichen mit Kundenkontakt geht es noch etwas konservativer zu, daher ist hier ein Anzug mit Hemd Pflicht, eine Krawatte und gegebenenfalls ein Einstecktuch sind von Vorteil.

In kreativen Berufen, bei Praktikumsstellen oder Nebenjobs kann die Kleidung legerer sein, eine dunkle Jeans und ein Hemd sind in Ordnung, gern ergänzt mit einem Jackett.

Stimmen Sie die Schuhe bitte auf Ihr jeweiliges Outfit ab, das macht einen Look komplett. Andersrum zerstört der falsche Schuh auch meist das Gesamtbild.

Für Frauen:

Weniger ist mehr. Weniger Schmuck, weniger Make-up, weniger Ausschnitt, weniger Bein.

Ein Kleid oder ein Rock mit Bluse ist auf jeden Fall empfehlenswert, der Rock sollte höchstens eine Handbreit über dem Knie enden, damit es seriös wirkt. Die Schuhe sollten farblich passen und nicht zu sportlich sein. Der Absatz sollte nicht zu hoch sein und Sie sollten darauf selbstverständlich gut laufen können. Dazu dezente Ohrringe und eine feine Kette und der erste Eindruck überzeugt.

Eine Hose mit Bluse und Blazer ist für ein Vorstellungsgespräch immer geeignet.

Ihr Haar können Sie hochstecken oder offen lassen. Auch an dieser Stelle gilt: Weniger ist mehr. Ich persönlich habe die Erfahrung gemacht, dass mich offene Haare bei offiziellen Terminen ablenken und ich dazu neige, bei Nervosität mit meinen Haaren zu spielen. Daher nehme ich das Haar zumindest etwas nach hinten. Das muss bei Ihnen aber natürlich nicht der Fall sein.

6 DAS TELEFONINTERVIEW

Wenn ein Unternehmen sehr viele Bewerbungen erhält, kommt es vor, dass die Vorauswahl per Telefoninterview erfolgt. In den meisten Fällen wird dafür ein Termin vereinbart. Das heißt, Sie können sich auf dieses Gespräch gut vorbereiten.

Das Telefoninterview dient dazu, bereits vor dem Vorstellungsgespräch einen Eindruck von Ihnen und Ihren Fähigkeiten zu gewinnen und festzustellen, ob man zueinander passt, also kurz gesagt, ob die Chemie stimmt. Der Ablauf ähnelt dem persönlichen Interview – Small Talk, Fragen zu Ihrer Person, dem Lebenslauf und Ihrer Motivation, Rückfragen. Das Telefonat dauert meist etwa 20 Minuten und trägt zur Entscheidung bei, ob Sie zum Gespräch eingeladen werden.

Im besten Fall bereiten Sie sich auf ein Telefoninterview ebenso gründlich vor wie auf ein persönliches Gespräch. Sie haben eine kleine Selbstpräsentation vorbereitet, kennen Ihre Stärken und Schwächen und wissen, welche Stellen in Ihrem Lebenslauf erklärungsbedürftig sind. Über die Strukturen und die Produkte des Unternehmens sind Sie informiert und können Rückfragen stellen.

Tipps für das Telefoninterview

Im Vorfeld:

- Machen Sie sich Notizen zu Ihrem Lebenslauf, formulieren Sie Antworten auf eventuelle Fragen und legen Sie sich Ihre Bewerbungsunterlagen bereit.
- Machen Sie sich Gedanken zu Ihrer Motivation, sich bei dem Unternehmen zu bewerben.
- Notieren Sie Fragen zum Stellenprofil und zum Unternehmen.
- Stellen Sie sicher, dass Sie sich in ungestörter Umgebung ohne Hintergrundgeräusche befinden.

OPTIMALE VORBEREITUNG

Während des Telefonats:

- Begrüßen Sie Ihren Gesprächspartner freundlich und gut verständlich mit Ihrem vollständigen Namen. Notieren Sie sich den Namen des Interviewers.
- Fragen Sie nach, wenn Sie Ihren Gesprächspartner schlecht verstehen oder Unklarheiten bestehen. Sonst antworten Sie womöglich an der Frage vorbei.
- Atmen Sie tief in den Bauch und sprechen Sie nicht zu schnell. Vermeiden Sie einsilbige Antworten.
- Verstellen Sie sich nicht.
- Konzentrieren Sie sich, hören Sie aufmerksam zu und unterbrechen Sie Ihren Gesprächspartner nicht.
- Machen Sie sich möglichst genaue Notizen, falls Ihr Gesprächspartner etwas zum Unternehmen oder zur Stelle sagt, dies können Sie im Vorstellungsgespräch gegebenenfalls aufgreifen.
- Lächeln! Es ist tatsächlich so, dass der Gesprächspartner ein Lächeln am Telefon in der Stimme hört.

Es kann sein, dass der Anrufer gleich im Anschluss einen Termin für das persönliche Gespräch mit Ihnen vereinbart. Manche Unternehmen geben die Bewerbervorauswahl auch an Dienstleister ab, dann kann eine Einladung zum Interview auch erst einige Zeit später kommen. Es ist in jedem Fall völlig in Ordnung am Ende des Gesprächs nach dem weiteren Vorgehen zu fragen.

7 AUF WAS DER INTERVIEWER ACHTET

Als Interviewer habe ich bereits einige Vorstellungsgespräche geführt oder begleitet. Fakt ist: Ein Personaler achtet auf die „selbstverständlichen Kleinigkeiten", Pünktlichkeit, ein fester Händedruck, ein nettes Lächeln, höfliche Umgangsformen und angemessene Kleidung. Das Benehmen ist wichtig für die Beurteilung der Soft Skills (soziale Kompetenzen).

Bei der Gesprächsvorbereitung haben die Personaler und Führungskräfte meist einen Fahrplan oder Leitfaden erstellt. Während des Interviews machen sie sich Notizen zu Ihren Aussagen und Antworten und zu Ihrem Verhalten. Nach dem Gespräch setzen sie sich an die Zusammenfassung und die Beurteilung des Gesprächs.

Hierfür nutzen die meisten Unternehmen, die viele Bewerber haben, eine Bewertungsskala. Es werden vorher Kriterien festgelegt, nach denen die Bewerber beurteilt werden. Um Ihnen einen Eindruck von solchen Bewertungskriterien zu geben, hier einige Beispiele:

Der Bewerber	Punktzahl
… drückt sich prägnant und situationsgerecht aus	☐
… tritt glaubwürdig, authentisch und selbstbewusst auf	☐
… nutzt stichhaltige Argumente	☐
… gewinnt andere auch bei Widerständen für seine Idee	☐
… kommuniziert seine Gedanken klar und deutlich	☐
… engagiert sich für eine angenehme Arbeitsatmosphäre	☐
… geht sachlich mit Kritik um	☐
… beschafft sich Informationen, um eine Entscheidung zu treffen	☐
… kann Prioritäten setzen	☐
… erkennt Optimierungspotenziale	☐
… filtert aus einer Aufgabenstellung die Kernaussagen heraus	☐
… sieht sich als Dienstleister	☐
… ist lösungsorientiert	☐
… kann sich schnell auf Veränderungen einstellen	☐
… kann sich selbst für Aufgaben motivieren	☐
… arbeitet selbstständig	☐

Dies sind nur Beispiele, die bei voller Punktzahl den perfekten, lösungsorientierten, sich selbst motivierenden, immer mitdenkenden Mitarbeiter identifizieren sollen. Diesen gibt es wahrscheinlich nicht, also keine Sorge, das wissen die Verantwortlichen auch.

Wichtig ist, dass Ihre Motivation deutlich wird, warum Sie in diesem Unternehmen diesen Job anstreben. Also bleiben Sie sich selbst treu und studieren Sie keine Verhaltensweisen ein oder lernen alle Sätze auswendig für das Gespräch. Ein geschulter Personaler wird das erkennen.

Seien Sie auch ehrlich, wenn Sie fachliche Fragen nicht beantworten können. Sagen Sie offen, dass Sie damit noch keine Erfahrungen haben, anstatt herumzustottern oder zu raten. Plaudern Sie jedoch nicht aus dem Nähkästchen und reden Sie nicht schlecht über frühere Arbeitgeber oder Vorgesetzte. Bleiben Sie sachlich und behalten Sie Details für sich, auch wenn der Interviewer geschickt nachhakt, warum Sie den Job gewechselt haben.

Der Personaler oder Chef möchte im Gespräch den Menschen hinter der Bewerbung kennenlernen, schließlich sollen Sie am Ende zum Unternehmen und den Kollegen passen. Das ist auch in Ihrem Sinne, deshalb scheuen Sie sich nicht, Ihre Persönlichkeit zu zeigen.

2

OPTIMALE ANTWORTEN

Kommen wir nun zum wichtigsten Teil der Vorbereitung auf das Jobinterview, dem Antworten-Training. Auf den folgenden Seiten präsentiere ich Ihnen die häufigsten und typische Fragen in Bewerbungsgesprächen. Auf der linken Seite sehen Sie jeweils verschiedene Antwortmöglichkeiten zur Auswahl beziehungsweise zur Inspiration und auf der rechten Seite können Sie Ihre eigene Antwort formulieren.

Wir fangen mit den Informationsfragen an, mit denen der Interviewer Ihre Motivation ergründen will und sich ein genaueres Bild von Ihren Fähigkeiten, Erfahrungen und Erwartungen machen möchte. Anschließend folgen die Stressfragen, mit denen Sie aus der Reserve gelockt werden sollen und die mehr über Ihre Persönlichkeit verraten. Sie sollen aber nicht nur unter Druck geraten, um Ihren Umgang damit zu testen. Auch Ihre Kreativität und Spontaneität sind gefragt. Danach üben wir die Situationsfragen, die Auskunft darüber geben, wie Sie sich in verschiedenen Alltagssituationen und Berufsszenarien verhalten. Zum Schluss erfahren Sie, welche Fragen in Bewerbungsgesprächen unzulässig sind und wie Sie darauf reagieren können.

Einen wichtigen Hinweis habe ich noch. Bitte lernen Sie Ihre Antworten nicht Wort für Wort auswendig. Das wirkt unsicher und unnatürlich. Außerdem steigt damit die Gefahr, mit vielen Stressfragen konfrontiert zu werden, um Sie aus dem Konzept zu bringen.

OPTIMALE ANTWORTEN

Weshalb haben Sie sich bei uns beworben?

ANTWORTMÖGLICHKEITEN:

„Ich befinde mich aktuell befristet in einer spannenden und herausfordernden Tätigkeit, jedoch fehlt mir etwas ganz Entscheidendes: eine langfristige Perspektive. Diese sehe ich in Ihrem Unternehmen."

„Ich wohne in ... und arbeite derzeit in ... Aus familiären Gründen möchte ich meinen Arbeitsplatz näher an meinen Lebensmittelpunkt verlegen. Die Zeit, die ich durch die kürzeren Fahrtwege spare, kann ich effektiv in Ihrem Unternehmen einsetzen."

„Die ausgeschriebene Stelle entspricht genau meinen Vorstellungen. Nun sehe ich die Chance, endlich in meiner Wunschposition zu arbeiten."

„Ich habe gerade eine Weiterbildung zum ... gemacht und möchte mich daher nun beruflich einer neuen und größeren Herausforderung stellen."

Kein Mensch bewirbt sich grundlos für einen anderen Job oder bei einem anderen Unternehmen. Notieren Sie sich Ihre Gründe und versuchen Sie, diese positiv zu formulieren. Vermeiden Sie bitte, anderen die Schuld für etwas zu geben. Positive Menschen geben ihrem Gegenüber ein gutes Gefühl. Das wirkt sympathisch und professionell. Sie wollen schließlich jemanden von sich als Person überzeugen und eine positive Antwort bekommen.

INFORMATIONSFRAGEN

MEINE ANTWORT:

OPTIMALE ANTWORTEN

Warum sollten wir Sie einstellen?

ANTWORTMÖGLICHKEITEN:

„Ich verfüge über spezielle Kenntnisse im Bereich der ... und habe diese jahrelang in meiner Position als ... vertiefen und erweitern können."

„In meiner bisherigen Tätigkeit lag der Schwerpunkt auf ..., was auch bei Ihnen Tagesgeschäft ist. Für mich sind diese Aufgaben selbstverständlich und die nötigen Programme beherrsche ich sicher."

„Ich habe die Weiterbildung zum ... erfolgreich abgeschlossen und kann Sie somit bei ... von Anfang an tatkräftig unterstützen."

„Ich bin ein Macher und sehe beziehungsweise packe an, wo Hilfe benötigt wird. Zudem bin ich sehr lösungsorientiert. Für mich steht die Kundenzufriedenheit an erster Stelle, denn diese sichert den Geschäftserfolg und dadurch auch meinen Arbeitsplatz."

„Ich bin engagiert und voller Tatendrang. Was ich noch nicht weiß, werde ich lernen. Sie haben mit mir einen begeisterungsfähigen und motivierten Mitarbeiter."

Es ist wichtig, sich bei der Vorbereitung bereits Notizen zu machen, welche passenden Qualifikationen man für die Stelle mitbringt. Studieren Sie hierfür das Stellenprofil und stellen Sie es Ihren bisherigen Aufgabenbereichen gegenüber. Was bringen Sie bereits mit? Was können Sie eigeninitiiert lernen? Was ergab Ihre Selbstreflexion? Auch daraus können sich besondere Fähigkeiten ergeben, um die Stelle mit Ihnen optimal zu besetzen.

INFORMATIONSFRAGEN

MEINE ANTWORT:

OPTIMALE ANTWORTEN

Was gefällt Ihnen besonders gut an unserem Unternehmen?

ANTWORTMÖGLICHKEITEN:

„Ich habe gelesen, dass Sie sich sozial sehr engagieren und auch Ihre Mitarbeiter dementsprechend behandeln. Das hat mich sehr beeindruckt."

„Es ist bekannt, dass die Mitarbeiter und deren Qualifizierung in Ihrem Unternehmen an erster Stelle stehen. Sehr gute Leistung wird entsprechend anerkannt. Und sehr gute Leistung ist auch mein Anspruch an mich selbst."

„Ich kenne einige Personen, die für Sie tätig sind und diese schwärmen von Ihrem Betriebsklima und der gelebten Unternehmensphilosophie."

„Ihr Unternehmen ist technisch stets auf dem neuesten Stand und bietet damit optimale Arbeitsbedingungen und Entwicklungsmöglichkeiten."

„Ich interessiere mich auch in meiner Freizeit sehr für ... Da Sie die besten Produkte in diesem Bereich anbieten, möchte ich natürlich auch beim Besten arbeiten."

Hier ist es sehr hilfreich, sich vorher die Homepage des Unternehmens anzuschauen. Ist das Unternehmen besonders sozial engagiert oder wurde es mit Preisen ausgezeichnet? Welche Vorteile hat das Unternehmen gegenüber seinen Wettbewerbern? Auf welchen Produkten liegt der Fokus? Wie sieht die Philosophie des Unternehmens aus? Reizt Sie vielleicht die Internationalität, weil Sie gern Englisch sprechen, oder ist es das Regionale, das Sie besonders schätzen? Wie sind Sie auf das Unternehmen aufmerksam geworden?

INFORMATIONSFRAGEN

MEINE ANTWORT:

OPTIMALE ANTWORTEN

Was reizt Sie an der ausgeschriebenen Position besonders?

ANTWORTMÖGLICHKEITEN:

„Die ausgeschriebene Position stellt für mich eine Weiterentwicklung dar, der ich mich gewachsen fühle. Sie ist sozusagen der nächste Schritt in meiner Berufslaufbahn."

„Ich mache meine Arbeit seit Jahren erfolgreich. Jedoch finde ich, dass man das Geschäft auch mal aus einem anderen Blickwinkel sehen muss. Hier habe ich die Chance dazu."

„Die geforderten Tätigkeiten ... liegen mir und ich kann in dieser Position mein Verkaufstalent und mein Organisationsgeschick optimal einsetzen."

„Das Aufgabengebiet umfasst die Tätigkeiten, die mir Spaß machen und mich motivieren, und für mich ist es wichtig, mit Elan und Freude bei der Arbeit zu sein."

Machen Sie sich in der Vorbereitungsphase Gedanken, was Sie mit dem Wechsel oder der neuen Position erreichen wollen. Ist die Tätigkeit die ersehnte berufliche Herausforderung, suchen Sie eine langfristige Perspektive oder interessiert Sie die Unternehmenskultur beziehungsweise die Branche schon lange?

INFORMATIONSFRAGEN

MEINE ANTWORT:

OPTIMALE ANTWORTEN

Was wissen Sie über unser Unternehmen?

ANTWORTMÖGLICHKEITEN:

„Laut meinen Recherchen wurde Ihr Unternehmen 1982 von ... gegründet und spezialisiert sich auf maßgeschneiderte Lösungen im Bereich der ... Zu Ihren Kunden gehören namhafte Firmen in ganz Deutschland sowie seit dem Jahr 2001, in dem Ihr Geschäft erweitert wurde, auch internationale Unternehmen. Ihr größter Konkurrent ist die ... GmbH. Da Sie jedoch sehr viel Wert auf Kundenzufriedenheit legen und innovative Lösungen anbieten, sind Sie der Marktführer. 2016 wurden Sie als Top-Arbeitgeber ausgezeichnet, was ich sehr beeindruckend finde."

„Ihre Unternehmensgeschichte reicht bis ins Jahr 1891 zurück. Als traditionelles Familienunternehmen liegt Ihr Fokus auf kundenorientiertem Service und individuellen Produkten. Durch Ihr ausgezeichnetes Team und Ihr zukunftsweisendes Angebot sind Sie seit Jahren trotz wachsender Konkurrenz erfolgreich."

Bitte vorher auf der Homepage – meist in der Rubrik „Über das Unternehmen" oder „Über uns" – über die Geschichte, Produkte und Struktur des Unternehmens informieren. Auch aktuelle Nachrichten zum Unternehmen unter „News" oder bei einer Suchmaschinenabfrage können hier interessant sein. Viele Personaler wollen wissen, ob Sie sich mit dem Unternehmen im Vorfeld beschäftigt haben. In ein paar Minuten können Sie sich Einblick verschaffen und damit im Gespräch punkten. Das lohnt sich in jedem Fall.

INFORMATIONSFRAGEN

MEINE ANTWORT:

OPTIMALE ANTWORTEN

Arbeiten Sie lieber im Team oder allein?

ANTWORTMÖGLICHKEITEN:

„Das kommt ganz auf die Situation an. Wenn ich mir schnell viel Wissen aneignen muss oder in einen speziellen Fall vertieft bin, kann ich mich besser konzentrieren, wenn ich ungestört bin – bei größeren Präsentationen, Messeveranstaltungen oder Gemeinschaftsprojekten arbeite ich gern mit anderen zusammen."

„Ich bin der Meinung, dass sich manche Problemstellungen nur im Team lösen lassen, da jeder andere Erfahrungen und Hintergründe hat. Mit vielen unterschiedlichen Denkansätzen lässt sich meist das beste Ergebnis erzielen."

„Ich habe Freude an der Zusammenarbeit mit anderen Menschen, jedoch bin ich bei manchen Aufgabenstellungen lieber für mich. Somit arbeite ich sowohl gern im Team als auch eigenständig. Es kommt auf die Aufgabe und Situation an."

Bei dieser Frage ist Ehrlichkeit gefragt. Bitte sagen Sie nicht das, was der Personaler Ihrer Meinung nach hören will. Das kann Ihnen später auf die Füße fallen, wenn man Ihnen eine Aufgabe anvertraut, die nicht zu Ihrer Arbeitsweise passt. Wenn ein Unternehmen ausschließlich in Teams strukturiert ist und Teamarbeit Ihnen nicht liegt, wird sich die Arbeit auf die Dauer problematisch gestalten. Umgekehrt werden Sie alleine nicht glücklich, wenn Sie lieber im Team arbeiten.

INFORMATIONSFRAGEN

MEINE ANTWORT:

OPTIMALE ANTWORTEN

Haben Sie sich auch bei anderen Unternehmen beworben?

ANTWORTMÖGLICHKEITEN:

„Natürlich habe ich mich auch bei anderen interessanten Arbeitgebern aus der Branche umgeschaut und mich beworben. Ich hatte auch schon erste Gespräche. Die Bewerbungsprozesse dort laufen noch. Dennoch ist es mir wichtig zu erwähnen, dass die bei Ihnen ausgeschriebene Stelle mich besonders reizt."

„Ja, ich habe mich auch bei anderen Unternehmen beworben, deren Auswahlprozesse noch laufen. Es ist mir zu riskant, mich nur auf ein Unternehmen zu fokussieren. Die bei Ihnen zu besetzende Position finde ich besonders interessant, da ich hier meine Kenntnisse voll und ganz einsetzen und vertiefen kann."

„Ehrlich gesagt sind Sie jetzt das erste Unternehmen, bei dem das Profil so gut zu mir passt, dass ich über einen Wechsel nachdenke. Natürlich schaue ich mich aber hin und wieder nach interessanten Stellen um."

Natürlich wissen Personaler ganz genau, dass sich Bewerber selten auf nur eine Bewerbung verlassen. Und das ist auch völlig in Ordnung. Diese Frage stellt Ihre Reaktion in den Vordergrund. Wie reagieren Sie? Müssen Sie erst überlegen oder ist die Beantwortung kein Problem für Sie? Daher gilt bei der Beantwortung dieser Frage: Mit Ehrlichkeit kommt man weiter!

INFORMATIONSFRAGEN

MEINE ANTWORT:

OPTIMALE ANTWORTEN

Weshalb möchten Sie Ihren bisherigen Arbeitgeber verlassen?

ANTWORTMÖGLICHKEITEN:

„Ich befinde mich aktuell befristet in einer spannenden und herausfordernden Tätigkeit, jedoch fehlt mir etwas ganz Entscheidendes: eine langfristige Perspektive. Diese habe ich aufgrund der Schwangerschaftsvertretung/der wirtschaftlichen Situation in meinem Unternehmen nicht."

„Ich wohne in ... und arbeite derzeit in ... Aus familiären Gründen möchte ich meinen Arbeitsplatz näher an meinen Lebensmittelpunkt verlegen."

„Ich habe gerade eine Weiterbildung zum ... gemacht und möchte mich daher beruflich einer neuen und größeren Herausforderung stellen. Aufgrund der Strukturen in meinem jetzigen Unternehmen werde ich diese Chance in naher Zukunft nicht bekommen."

Ihre Antwort auf diese Frage gibt dem Personaler Auskunft über Ihre Loyalität und Diskretion gegenüber Ihrem Arbeitgeber. Egal, wie sehr Sie Ihr jetziger Chef, die Kollegen oder Ihr Arbeitspensum nerven, bitte formulieren Sie Ihre Antwort ausschließlich positiv. Eine Aussage wie „Ich komme mit meinem Chef nicht klar" befördert Sie direkt ins Aus. Der neue Arbeitgeber befürchtet, dass Sie irgendwann so über ihn reden werden.

INFORMATIONSFRAGEN

MEINE ANTWORT:

OPTIMALE ANTWORTEN

Wo sehen Sie Ihre größten Stärken?

ANTWORTMÖGLICHKEITEN:

„Ich habe gelernt, in stressigen Situationen Ruhe zu bewahren, denn nur so sichert man die Arbeitsqualität. Ich kann mir meine Zeit und meinen Tagesablauf gut einteilen. Dadurch bin ich sehr zuverlässig und pünktlich."

„Ich bin vielseitig interessiert und lerne gern Neues. In herausfordernde Sachverhalte arbeite ich mich mit viel Engagement ein und freue mich, wenn ich zur Lösung beitragen oder einen Fall lösen kann."

„Ich kann mich gut in Menschen hineinversetzen und mein Handeln kundenentsprechend anpassen, ohne mich dabei zu verbiegen."

„Ich bin handwerklich sehr begabt und baue in meiner Freizeit auch allerhand Dinge für den privaten Gebrauch. Dies nutze ich zudem als Ausgleich und zur Entspannung."

Kaum einem Bewerber fällt die Antwort auf diese Frage leicht. Man will nicht überheblich klingen, aber auch nicht unsicher. Deshalb ist es sehr hilfreich, sich vor einem Bewerbungsgespräch mit seiner Persönlichkeit und seinen Fähigkeiten auseinanderzusetzen. Sie haben anderen Bewerbern dadurch einiges voraus. Wenn Sie sich trotzdem nicht sicher sind, fragen Sie Ihre Freunde und Ihre Familie, welche Stärken Sie haben. Anderen fallen mit Sicherheit schnell viele positive Eigenschaften zu Ihnen ein.

INFORMATIONSFRAGEN

MEINE ANTWORT:

OPTIMALE ANTWORTEN

Wo sehen Sie Ihre größten Schwächen?

ANTWORTMÖGLICHKEITEN:

„Ich bin gelegentlich etwas unorganisiert. Manchmal will ich mehrere Dinge auf einmal erledigen und das klappt dann nicht. Um dies zu vermeiden, arbeite ich mittlerweile mit To-do-Listen, auf denen ich meine Prioritäten festlege."

„Meine Kochkünste sind ausbaufähig. Deshalb drücke ich mich gern vor Teambuilding-Events oder Firmenfeiern, die mit Kochen zu tun haben."

„In einer neuen Umgebung fällt es mir nicht so leicht, mich auf Anhieb zu orientieren. Dafür brauche ich immer ein paar Tage und es kann schon mal passieren, dass ich mich in einem großen Gebäude verlaufe."

„Ich bin handwerklich nicht sehr begabt und habe dafür auch kein Interesse. Dafür kann ich gut …"

„Mein Englisch muss ich auffrischen und mehr üben. Das gehe ich bereits an, indem ich englischsprachige Filme schaue."

„Ich bin sehr nervös, wenn ich vor vielen Menschen sprechen muss. Mir hilft dann nur eine sehr gute Vorbereitung, damit ich mich etwas sicherer fühle."

Seien Sie nicht selbstgefällig und wählen Sie keine „Schwächen", die eigentlich Stärken sind, wie zum Beispiel Perfektionismus. Sie müssen hier aber auch keine Defizite nennen, die Sie für die Position disqualifizieren. Der Personaler möchte lediglich mehr über Ihre Selbsteinschätzung erfahren. Die Königsdisziplin ist eine Schwäche, die Sie bereits selbst in eine Stärke umgewandelt haben. Damit zeigen Sie, dass Sie Eigeninitiative und einen starken Willen besitzen.

INFORMATIONSFRAGEN

MEINE ANTWORT:

OPTIMALE ANTWORTEN

Wo sehen Sie sich in fünf Jahren?

ANTWORTMÖGLICHKEITEN:

„Aktuell suche ich eine neue Herausforderung und eine Position, die mich sowohl fordert als auch fördert. Ich hoffe, in fünf Jahren Ihre Erwartungen erfüllt beziehungsweise übertroffen zu haben. Dann wäre ich gern an dem Punkt, Personalverantwortung und Managementaufgaben zu übernehmen."

„Ich werde einen Job ausüben, der mir Spaß macht und den ich mit Begeisterung erfülle. Ich möchte in einem Unternehmen arbeiten, welches mir die Chance gibt, mein Fachwissen stetig auszubauen und interessante Aufgaben zu erledigen. Ich denke, Ihr Unternehmen wäre dafür optimal."

„Als Projektmanager ist man da, wo die Projekte sind. In fünf Jahren könnte ich demnach in Frankfurt, London oder auch in Dubai sein. Ich bin da recht flexibel."

„Ich habe vor, noch mal zu studieren. Dies würde ich gerne nebenberuflich tun und hoffe, meine neu erworbenen Kompetenzen dann in Ihrem Unternehmen einsetzen zu können."

Wenn Sie sich über Ihre beruflichen Ziele bisher keine Gedanken gemacht haben, wird es spätestens jetzt Zeit. Wollen Sie die Karriereleiter hinaufklettern oder in ein paar Jahren eine Familie gründen? Wollen Sie mehr oder weniger arbeiten? Sie sollen sich im Gespräch nicht im Detail festlegen oder Privates erzählen, der Personaler möchte lediglich eine berufliche Richtung erkennen, um selbst auch planen zu können. Des Weiteren spricht es für Sie, wenn Sie sich über die Zukunft bereits Gedanken gemacht haben und sich Ziele setzen.

INFORMATIONSFRAGEN

MEINE ANTWORT:

OPTIMALE ANTWORTEN

Wäre für Sie ein berufsbedingter Umzug möglich?

ANTWORTMÖGLICHKEITEN:

„Grundsätzlich bin ich mobil und flexibel, wenn es darum geht, für das Unternehmen unterwegs zu sein. Ein kompletter Umzug gestaltet sich jedoch eher schwierig, da ich schulpflichtige Kinder habe und mein Partner sich zudem nach einer neuen Stelle umschauen müsste. Meine berufliche Situation betrifft also die gesamte Familie. Ich müsste das zu Hause besprechen."

„Da wir erst vor einem Jahr in ein Eigenheim gezogen sind, kommt ein Umzug für mich aktuell nicht infrage. Ich schließe jedoch nicht aus, dass wir irgendwann mal umziehen, wenn die Kinder groß sind."

„Meine Kinder sind noch mindestens zwei Jahre schulisch an unseren Wohnort gebunden und ich würde sie ungern aus dem gewohnten Umfeld nehmen. Nach Beendigung der Schule wäre es für mich aber durchaus denkbar, meinen Wohnort näher an das Unternehmen zu verlegen."

Wer sich in einem Unternehmen in einer anderen Stadt oder mit vielen Zweigstellen bewirbt, muss mit dieser Frage rechnen. Wägen Sie im Vorfeld ab, ob ein Umzug für Sie infrage käme. Auch hier gilt wieder: Ehrlichkeit! Es bringt keiner Seite etwas, wenn man das Berufsverhältnis unter falschen Voraussetzungen beginnt.

INFORMATIONSFRAGEN

MEINE ANTWORT:

OPTIMALE ANTWORTEN

Was erwarten Sie von uns, was erhoffen Sie sich?

ANTWORTMÖGLICHKEITEN:

„Ich erwarte ein interessantes Aufgabengebiet, wo ich meine Kenntnisse und Erfahrungen einbringen und Ihr Team unterstützen kann."

„Von der Ausbildung in Ihrem Unternehmen erwarte ich, dass ich alle relevanten Bereiche kennenlerne und nach und nach selbstständig Aufgaben übernehmen kann. Natürlich erhoffe ich mir eine Übernahme in ein langfristiges Arbeitsverhältnis."

„Von Ihrem Unternehmen erwarte ich Forderung und Förderung. Ich möchte mein Wissen stetig ausbauen und verbessern, um für Ihr Unternehmen eine Bereicherung zu sein. Ich erhoffe mir ein angenehmes Betriebsklima, in dem offen kommuniziert wird."

„Ich wünsche mir eine kompetente Einarbeitung in das Aufgabengebiet und die Prozesse sowie ein faires Miteinander. Ich möchte eine klare Zielsetzung, was von mir erwartet wird."

Diese Frage zielt auf Ihre Erwartungshaltung gegenüber dem Unternehmen ab. Natürlich will der Personaler sicherstellen, dass auch Sie nicht enttäuscht werden, wenn es zu einer Einstellung kommt. Zudem zeigt Ihre Antwort dem Personaler, ob Sie sich mit den Anforderungen und dem Arbeitgeber im Vorfeld beschäftigt haben.

INFORMATIONSFRAGEN

MEINE ANTWORT:

OPTIMALE ANTWORTEN

Was gefällt Ihnen an der ausgeschriebenen Position weniger gut?

ANTWORTMÖGLICHKEITEN:

„Prinzipiell nichts. Das System ... ist Neuland für mich. Ich bin mir jedoch sicher, dass ich es nach einer kurzen Einarbeitungszeit beherrsche."

„Ich habe Respekt vor der Referententätigkeit. Damit habe ich noch nicht so viel Erfahrung. Ich würde aber weniger sagen, dass sie mir nicht gefällt, sondern dass ich diesen Aspekt als Herausforderung sehe."

„Die Position ist ja in Teilzeit ausgeschrieben. Ich habe mir bereits Gedanken gemacht, ob der breitgefächerte Tätigkeitsbereich in dieser Zeit zu bewältigen ist. Bisher habe ich die Aufgaben in Vollzeit erledigt. Können Sie mir hierzu Erfahrungen mitteilen? Arbeiten bereits Kollegen in Teilzeit?"

„Aus der Stellenbeschreibung geht hervor, dass der Geschäftsverkehr vorrangig telefonisch erfolgt. Ich kläre Dinge lieber im persönlichen Gespräch, jedoch ist das für mich auch in Ordnung."

Der Personaler möchte mit dieser Frage indirekt noch mal Ihr Interesse an der Position testen. Haben Sie das komplette Stellenangebot gelesen und sich damit auseinandergesetzt? Schauen Sie sich das geforderte Profil genau an. Wenn wirklich alles passt, dürfen Sie das auch ruhig sagen.

INFORMATIONSFRAGEN

MEINE ANTWORT:

OPTIMALE ANTWORTEN

Warum haben Sie sich für diesen Berufsweg entschieden?

ANTWORTMÖGLICHKEITEN:

„Meine Eltern sind beide im kaufmännischen Bereich tätig, sodass schon frühzeitig mein Interesse für Zahlen und Organisation geweckt wurde. Dies bestätigte sich dann bei einem Praktikum und meine Entscheidung stand fest."

„Das Studium gefiel mir sehr gut, ich spezialisierte mich früh auf ... und im Praxissemester knüpfte ich bereits Kontakte für meinen Berufseinstieg in diesem Fachbereich."

„Der Umgang mit Menschen ist meine Stärke, deshalb habe ich mich bewusst für diesen Beruf entschieden."

„Mein Onkel ist auf einer Baustelle tätig und nahm mich schon als Kind oft mit dem Bagger mit. Diese Faszination für Baumaschinen setzt sich bis heute fort."

Ob es die Familientradition war, die Sie auf diesen Weg gebracht hat, eine Neigung oder Vernunft und Voraussicht, spielt keine Rolle. Es kommt darauf an, dass Ihre Motivation deutlich wird und Ihr langfristiges Interesse an der Tätigkeit. Wenn Sie durch Zufall in den Beruf gerutscht sind, dann erklären Sie, warum Sie dabeigeblieben sind und welche Erfolge Sie erzielt haben. Auch die Aussicht auf gute Bezahlung in diesem Bereich können Sie erwähnen. Seien Sie ehrlich und denken Sie im Vorfeld über Ihre Beweggründe nach.

INFORMATIONSFRAGEN

MEINE ANTWORT:

OPTIMALE ANTWORTEN

Wie haben Sie sich bisher fachlich weiterentwickelt?

ANTWORTMÖGLICHKEITEN:

„Da ich in meiner jetzigen Tätigkeit neben meinem Aufgabengebiet auch den Bereich Social Media betreut habe, habe ich mich quasi im Job in einem neuen Fachbereich weitergebildet."

„Neben meiner Tätigkeit als … habe ich an diversen Projekten mitgewirkt. Hier konnte ich meine Fähigkeiten als Referent ausweiten und habe Mitarbeiter in die neue Technik eingewiesen. Daran bin ich persönlich sehr gewachsen, da ich mich mit unterschiedlichen Abteilungen und deren Interessen auseinandersetzen musste."

„Ich habe in den vergangenen Jahren regelmäßig Weiterbildungsangebote genutzt, um meine Fachkenntnisse zu vertiefen und zu erweitern. Für den Blick über den Tellerrand hinaus informiere ich mich in der Fachpresse und bei Veranstaltungen zu Themen, die an mein Aufgabengebiet angrenzen."

Weiterentwicklung ist für den Menschen unerlässlich. Man sagt auch schön: Wer rastet, der rostet. Wer sich nicht weiterentwickeln möchte und sich mit dem Status quo zufriedengibt, kann langfristig nicht zum Unternehmenserfolg beitragen. Ein Unternehmen lebt von der Veränderung. Genau das sollten Sie auch formulieren.

INFORMATIONSFRAGEN

MEINE ANTWORT:

OPTIMALE ANTWORTEN

Wann werden Sie Ihren Arbeitgeber über Ihre Kündigungsabsicht informieren?

ANTWORTMÖGLICHKEITEN:

„Ich werde meinen Arbeitgeber informieren, sobald ich Ihre Zusage habe. Da noch ein Nachfolger für mich gefunden werden muss, möchte ich den Arbeitgeber so schnell wie möglich in Kenntnis setzen."

„Da ich zu meinem Vorgesetzten ein vertrauensvolles Verhältnis habe und es in meinem Unternehmen mittelfristig keine Aufstiegsmöglichkeiten für mich gibt, weiß er bereits, dass ich mich in anderen Unternehmen umschaue."

„Ich informiere meinen Arbeitgeber, sobald Sie mir Ihr Okay gegeben haben."

„Da ich mich in einem befristeten Arbeitsverhältnis befinde, weiß mein Arbeitgeber, dass ich nach einer neuen Stelle suche. Über die vorzeitige Kündigung würde ich ihn natürlich nach Ihrer Zusage informieren."

Der Interviewer möchte mit dieser Frage herausfinden, wie loyal und ehrlich Sie gegenüber Ihrem jetzigen Arbeitgeber sind. Er kann daraus ableiten, wie offen Sie Ihrem zukünftigen Arbeitgeber Veränderungswünsche kommunizieren werden. Auch bei dieser Frage ist Ehrlichkeit gefragt. Manche Unternehmen erkundigen sich bei ehemaligen Arbeitgebern über Sie.

INFORMATIONSFRAGEN

MEINE ANTWORT:

OPTIMALE ANTWORTEN

Warum haben Sie die Ausbildung/das Studium abgebrochen?

ANTWORTMÖGLICHKEITEN:

„Im Nachhinein betrachtet hatte ich andere Erwartungen an das Studium/die Ausbildung. Ich habe daraus gelernt und treffe meine Entscheidungen jetzt nur noch gut informiert."

„Aufgrund einer Erkrankung/Allergie konnte ich die Ausbildung nicht beenden. Somit musste ich umdenken und einen neuen beruflichen Weg einschlagen. Mittlerweile bin ich gesundheitlich wieder voll einsatzbereit und froh über die Veränderung."

„Ich entdeckte mitten im Studium meine Leidenschaft für ... Von da an wusste ich, dass ich das beruflich machen will. Ich entschied mich für den Abbruch des Studiums und begann eine Ausbildung."

„Ich bekam während meiner Ausbildung die Chance, mich selbstständig zu machen/ins Ausland zu gehen/in die Medienbranche hineinzuschnuppern und entschied mich, diese zu nutzen. Dadurch habe ich neue Interessen/Fähigkeiten entdeckt, die ich nun weiter verfolge/entwickle."

Sie hatten gewiss gute Gründe, warum Sie Ihre Ausbildung oder Ihr Studium nicht beendet haben. Diese müssen Sie nur noch geschickt verpacken. Am besten erwähnen Sie Ihre Beweggründe direkt in der Selbstpräsentation. Auf diese Weise handeln Sie proaktiv und ersparen sich, dass das Gespräch später in diese Richtung abdriftet. So kann der Interviewer das Thema gleich für sich abhaken.

INFORMATIONSFRAGEN

MEINE ANTWORT:

OPTIMALE ANTWORTEN

Was waren bisher Ihre größten Erfolge?
Worauf sind Sie besonders stolz?

ANTWORTMÖGLICHKEITEN:

„Unser Unternehmen implementierte ein neues Softwaresystem. Ich übernahm dabei die Systemtests und die Optimierung des Programms für unseren Bereich. Mit guten Ideen im Team konnten wir das System erfolgreich einführen und die Mitarbeiter sind bis heute froh über die Arbeitserleichterung."

„Als ich die Position als Filialleiter übernahm, fragte ich meine Mitarbeiter, was Sie von mir erwarten und wo es Verbesserungen geben könnte beziehungsweise wie man noch effektiver arbeiten könnte. Nach ein paar Wochen setzte ich einige Vorschläge um und wir haben unsere Zielvorgaben damit haushoch übertroffen."

„Ich konnte für mehrere unserer Kunden durch individuelle Lösungen und Optimierungen mehr als 20 Prozent Kosten einsparen."

Diese Frage ist sehr individuell und kann nur von Ihnen beantwortet werden. Nutzen Sie die Selbstreflexion und gehen Sie in sich. Es gibt in Ihrem Berufsleben sicherlich viele Stationen, Projekte, Ideen und Ergebnisse, auf die Sie stolz sein können.

INFORMATIONSFRAGEN

MEINE ANTWORT:

OPTIMALE ANTWORTEN

Wie verbringen Sie Ihre Freizeit?

ANTWORTMÖGLICHKEITEN:

„Ich verbringe viel Zeit mit meiner Familie auf dem Fahrrad. Wir entdecken die Umgebung und legen dabei lange Strecken zurück."

„Ich bin begeisterter Musiker und singe in einem Chor. In meiner Freizeit bin ich deshalb bei Proben oder Auftritten. Unser letzter Auftritt war beim Stadtfest."

„Ich tanze seit vielen Jahren im Faschingsverein. Das Kostümieren und die Choreografien sind meine Leidenschaft."

„Ich verbringe meine Freizeit mit meiner Familie und meinen Freunden. Grill- und Spieleabende, Badeausflüge, Spaziergänge, eben worauf wir gemeinsam Lust haben. Am liebsten sind wir in der Natur unterwegs."

„Ich absolviere gerade nebenbei ein Studium/eine Weiterbildung zum ... Dafür geht der Hauptteil meiner Freizeit drauf. Zum Entspannen koche ich für meine Freunde."

Dem Personaler geht es bei dieser Frage darum herauszufinden, was für ein Mensch Sie sind. Treiben Sie gefährliche Sportarten, die Ihre Arbeit beeinflussen könnten? Engagieren Sie sich ehrenamtlich? Sind Sie Mitglied in einem Verein? Aus Ihren Antworten kann er viel über Sie als Person erfahren und Sie dadurch besser einschätzen. Sie offenbaren, ob Sie sich aktiv in einem Team engagieren, gesellig sind oder es eher etwas zurückhaltender mögen. Sie müssen sich nicht verstellen, sonst könnten Sie später im Job unter Druck geraten, falsche Erwartungen zu erfüllen.

INFORMATIONSFRAGEN

MEINE ANTWORT:

OPTIMALE ANTWORTEN

Kennen Sie Mitarbeiter aus unserem Unternehmen? Was wurde Ihnen berichtet?

ANTWORTMÖGLICHKEITEN:

„Nein. Aber ich würde gern Ihre Mitarbeiter kennenlernen."

„Ja. Ich kenne einige Mitarbeiter, die mir auch bereits Auskunft über die Anforderungen gegeben haben. Durch diese Informationen wuchs mein Interesse an Ihrem Unternehmen."

„Ja, bei meinen Recherchen habe ich einen Mitarbeiter Ihres Hauses kennengelernt. Durch diesen Mitarbeiter konnte ich mir ein Bild von der Stelle machen und feststellen, dass ich gut in Ihr Unternehmen passe."

„Ja, mein Cousin/mein Bruder/meine Freundin/eine ehemalige Kollegin arbeitet schon mehrere Jahre für Ihr Unternehmen und ist sehr zufrieden."

„Bisher nur Ihre Assistentin, mit der ich wegen der Stellenausschreibung telefoniert habe."

Falls Ihre Antwort Nein lautet, reicht das an der Stelle. Falls Sie die Frage bejahen, sollten Sie sich im Vorfeld Gedanken machen, was Sie weitergeben. Wenn Ihnen Gutes über das Unternehmen berichtet wurde, können Sie auch ins Detail gehen. Sie können aber auch nur erwähnen, wie Sie auf das Unternehmen aufmerksam geworden sind.

INFORMATIONSFRAGEN

MEINE ANTWORT:

OPTIMALE ANTWORTEN

Nach welchen Kriterien treffen Sie Entscheidungen?

ANTWORTMÖGLICHKEITEN:

„Ich verschaffe mir einen Überblick und setze meine inhaltlichen Prioritäten fest. Im nächsten Schritt wäge ich die Vor- und Nachteile der verschiedenen Möglichkeiten ab und versuche, die Auswahl dadurch zu reduzieren. Ich vergleiche im letzten Schritt die ausgewählten Lösungen und treffe meine Entscheidung."

„Ich beschaffe mir möglichst viele Informationen über Alternativen und entscheide im Ausschlussverfahren, bis nur noch eine Lösung vorhanden ist."

„Ich verlasse mich meist auf meine Erfahrung und mein Bauchgefühl. Damit habe ich bisher sehr gute Ergebnisse erzielt."

„Ich sammle Informationen, beobachte den Markt und bespreche und berate mich mit Personen, die in diesem Bereich bereits Erfahrung haben."

Wie Sie Ihre Entscheidungen treffen, sagt viel über Sie als Person, Ihren Arbeitsstil und Ihre Organisationsfähigkeit aus. Sind Sie belastbar oder leicht überfordert? Ist Ihre Arbeitsweise strukturiert, intuitiv oder chaotisch? Wie gehen Sie an Herausforderungen ran? Wie informieren Sie sich?

Reflektieren Sie Ihr Verhalten im Arbeitsalltag und denken Sie an eine Situation, bei der Sie eine schwierige Entscheidung treffen mussten.

INFORMATIONSFRAGEN

MEINE ANTWORT:

OPTIMALE ANTWORTEN

Würden Sie auch eine andere Position in unserem Unternehmen übernehmen?

ANTWORTMÖGLICHKEITEN:

„Natürlich möchte ich meine Stärken und Erfahrungen gern in die ausgeschriebene Position einbringen, könnte mir allerdings auch eine Tätigkeit im Bereich ... vorstellen. Können Sie mir sagen, was Sie sich konkret vorstellen?"

„In erster Linie reizt mich die ausgeschriebene Position. Jedoch bin ich auch sehr an Ihrem Unternehmen interessiert, sodass ich für Angebote Ihrerseits offen bin."

„Ich denke, dass ich bei der ausgeschriebenen Tätigkeit mein volles Potenzial zum Einsatz bringen kann. Haben Sie bereits eine Position im Kopf, in der Sie mich sehen?"

„Darüber habe ich mir auch bereits Gedanken gemacht. In Ihrem Unternehmen gibt es einige Abteilungen, die ich sehr interessant finde, und ich bin offen für den Gedanken, mein Tätigkeitsfeld zu erweitern oder meinen Blickwinkel zu ändern."

Diese Frage stellt der Interviewer nicht grundlos. Eventuell hat er sich bereits für einen anderen Bewerber entschieden, ist aber trotzdem an Ihnen als Person interessiert. Vielleicht ist auch eine Stelle im Unternehmen in Planung, für die er Sie perfekt geeignet hält. Sind Sie offen, dann sagen Sie das auch. Wenn Sie sich nicht sicher sind, fragen Sie einfach nach, ob er konkreter werden kann, um Ihnen eine Vorstellung zu vermitteln, in welche Richtung seine Gedanken gehen.

INFORMATIONSFRAGEN

MEINE ANTWORT:

OPTIMALE ANTWORTEN

Was hat Sie an Ihrem letzten Job gestört?

ANTWORTMÖGLICHKEITEN:

„Ich bin seit sieben Jahren im Bereich … tätig. Mir bereiten meine Aufgaben und die Arbeit in meinem Team Freude. Jedoch gibt es in unserem Unternehmen wenig Weiterbildungsmöglichkeiten und Veränderungsspielräume, sodass ich mich nun außerhalb umschaue, um mich weiterentwickeln zu können."

„Prinzipiell kann ich nichts gegen meinen letzten Job sagen. Jedoch befinde ich mich persönlich an einem Punkt, an dem ich den Blickwinkel ändern möchte und meinen Aufgabenbereich erweitern möchte."

„Mein bisheriger Job gefällt mir gut. Da ich aber nur befristet eingestellt bin und das Unternehmen gerade einen Auftrag zum Stellenabbau hat, sehe ich keine langfristige Perspektive für mich."

„An meinem Job stört mich nichts. Ich möchte meinen Lebensmittelpunkt jedoch in diese Stadt verlegen und das ist in meinem Unternehmen nicht möglich."

Der Personaler schließt aus der Art und Weise Ihrer Antwort, wie Sie zukünftig auch über das neue Unternehmen und Ihren Job reden werden. Seien Sie loyal gegenüber Ihrem bisherigen Chef, dem Job, Ihrer Abteilung und dem Unternehmen. Auch wenn Sie gerade alles an Ihrem Job nervt und Sie stundenlang darüber reden könnten, was nicht so gut läuft. Formulieren Sie Ihre Antworten immer positiv und reden Sie nicht schlecht über Ihre bisherigen Arbeitgeber.

INFORMATIONSFRAGEN

MEINE ANTWORT:

OPTIMALE ANTWORTEN

Wie steht Ihre Familie zu Ihren beruflichen Plänen?

ANTWORTMÖGLICHKEITEN:

„Meine Familie unterstützt mich, wo sie nur kann. Ich habe privat einen sehr starken Rückhalt und kann mich dadurch bestens auf die neue Herausforderung konzentrieren."

„Natürlich weiß meine Familie, dass dieser Schritt in erster Konsequenz, also in der Einarbeitungsphase, herausfordernd sein wird und ich viel Energie darauf verwenden werde. Wir haben die Entscheidung als Familie getroffen und tragen diese gemeinsam. Die Unterstützung meiner Familie ist mir sehr wichtig."

„Wir haben gemeinsam Wege gefunden, wie wir mir diese Chance ermöglichen können. Es gibt also einen Plan, der umgesetzt werden kann, sollte ich diese Position besetzen."

„Ich habe die letzten drei Jahre nebenberuflich studiert und meine Familie hat das unterstützt. Jetzt sind sie glücklich, wenn sich die ganzen Anstrengungen auszahlen."

Der Personaler möchte wissen, ob und wie Ihre Familie zu der beruflichen Veränderung steht und Sie unterstützt – beispielsweise in der Einarbeitungsphase. Dies spielt für das persönliche Wohlbefinden im neuen Unternehmen eine große Rolle und wirkt sich auf die Leistung aus. Gerade in einem Job, in dem Flexibilität und eventuell auch Überstunden nötig sind, stellt die Familie einen notwendigen Ausgleich dar und muss hinter der Entscheidung für die Stelle stehen.

INFORMATIONSFRAGEN

MEINE ANTWORT:

OPTIMALE ANTWORTEN

Welche Rolle übernehmen Sie in einem Team?

ANTWORTMÖGLICHKEITEN:

„Das kommt ganz auf die Aufgabe an. Bei manchen Themen halte ich mich eher zurück, höre aufmerksam zu und arbeite dem Team zu und auf anderen Gebieten bin ich der kreative Vorantreiber."

„Oft übernehme ich die Organisation und Koordination, da ich Termine und die Zeitplanung immer im Blick habe."

„Ich bin situationsabhängig in der Lage, verschiedene Rollen einzunehmen. Bei der Einführung einer neuen Druckerzuordnung beispielsweise war ich der Projektleiter, der alle anstehenden Termine überwachte und den Überblick über anstehende Aufgaben behielt. Bei einer anderen Teamaufgabe war ich derjenige, der als ausführendes Organ die praktischen Funktionstests übernahm. Meine Rolle in einem Team hängt somit davon ab, wo ich bei der gestellten Aufgabe am nützlichsten sein kann."

Teamfähigkeit gewinnt in allen Unternehmen zunehmend an Bedeutung. In fast jedem Unternehmen werden Teams gebildet, um Aufgaben zu erledigen oder Projekte zu betreuen. Daher ist es für den Personaler wichtig, wo er Sie einordnen kann. Situationsbedingt sollte man in der Lage sein, verschiedene Rollen im Team einzunehmen. Das sollten Sie auch so in Ihrer Antwort formulieren. Wenn Sie bereits wissen, welche Rolle Sie üblicherweise übernehmen, sagen Sie das auch gern. Das zeugt von einem guten Einschätzungsvermögen.

INFORMATIONSFRAGEN

MEINE ANTWORT:

OPTIMALE ANTWORTEN

Wie arbeiten Sie unter Zeitdruck?

ANTWORTMÖGLICHKEITEN:

„Ich bin es gewohnt, unter Zeitdruck zu arbeiten. In meiner jetzigen Tätigkeit ist alles eilig und dringend, deshalb bringt mich nichts so schnell aus dem Konzept. Ich erstelle einen Zeitplan, in dem notiert ist, was bis wann erledigt sein muss. Wenn etwas Außergewöhnliches dazwischenkommt, treffe ich schnell eine Entscheidung, was Vorrang hat und welche Aufgaben noch warten können. Durch das strukturierte Vorgehen behalte ich immer den Überblick."

„Ich priorisiere meine Aufgaben in meinem jetzigen Bereich mehrmals täglich, da immer neue wichtige Aufgaben und Projekte dazukommen. Sollte es mal eng werden, bespreche ich die Möglichkeiten mit den Beteiligten und delegiere einen Teil der Aufgaben, damit die Sorgfalt nicht unter dem Termindruck leidet."

Der Personaler möchte mit dieser Frage herausfinden, wie Sie in stressigen Situationen oder unter Termindruck reagieren. Werden Sie schnell hektisch und unorganisiert oder bewahren Sie die notwendige Ruhe für die Erledigung der anstehenden Aufgaben? Setzen Sie Prioritäten effizient und können Sie Aufgaben abgeben? Belegen Sie Ihre Stressresistenz am besten mit einem Beispiel. Das muss nicht zwangsläufig aus dem Berufsleben stammen. Wer drei Kinder hat, kann auch das Familien-Management als Beispiel aufführen.

INFORMATIONSFRAGEN

MEINE ANTWORT:

OPTIMALE ANTWORTEN

Wie gehen Sie mit Veränderungen im Job um?

ANTWORTMÖGLICHKEITEN:

„Meistens sind Veränderungen auch Chancen. Ich versuche immer, die Vorteile zu sehen und das Bestmögliche aus einer neuen Situation zu machen. Bei meinem jetzigen Arbeitgeber gibt es alle zwei Jahre eine Strukturveränderung. Bisher hatten diese nach einer gewissen Zeit immer eine positive Auswirkung auf mich und meinen Arbeitsplatz."

„Ich prüfe meist genau, welche Gründe für die Veränderung sprechen und welche Konsequenzen diese für mich und mein Team haben. Dadurch kann ich Veränderungen besser einschätzen und beurteilen. Wenn etwas dagegen spricht, bringe ich meine Bedenken konstruktiv an und versuche, für mich, mein Team und das Unternehmen einen sinnvollen Kompromiss zu erwirken."

„Veränderungen gehören zum Leben und zum Alltag. Ich kann mich schnell umstellen und steuere auch sehr gern eigene Ideen bei und habe Freude am Mitgestalten."

Neue Kollegen, neue Aufgaben, neue Führungspersonen, neue Bedingungen, neue Arbeitsabläufe, neue Software, neue Sicherheitsrichtlinien, neue Produkte. Alles Dinge, die Sie auch im neuen Unternehmen erwarten. Nichts ist beständiger als die Veränderung. Umso interessanter ist es für den Personaler zu erfahren, ob Sie Veränderungen gegenüber offen sind, selbst Ideen einbringen und sich flexibel zeigen. Überzeugen Sie den Personaler von Ihrer Anpassungsfähigkeit und Ihrer Neugier auf neue Techniken, Herangehensweisen und Strategien.

INFORMATIONSFRAGEN

MEINE ANTWORT:

OPTIMALE ANTWORTEN

Wie würden Sie Ihren Arbeitsstil beschreiben?

ANTWORTMÖGLICHKEITEN:

"Ich arbeite gern strukturiert und vorausschauend. Aufgabenstellungen gehe ich lösungsorientiert an und halte Zielvorgaben im Blick."

"Ich arbeite dynamisch und ergebnisorientiert. In komplexe Sachverhalte kann ich mich schnell einarbeiten."

"Meinen Arbeitsstil würde ich als pragmatisch und sachbezogen beschreiben. Ich priorisiere meine Aufgaben mehrmals täglich neu und passe meinen Tagesplan und meine Arbeitsweisen an die anstehenden Aufgaben an."

"Ich würde meine Arbeitsweise als effizient, aber gewissenhaft bezeichnen. Ich habe einen hohen Anspruch an meine Arbeitsqualität, da ich die Erfahrung gemacht habe, dass Änderungen und Nachbesserungen damit reduziert werden."

"Ich arbeite gern im Team. Mein Arbeitsstil ist kommunikativ und kooperativ. Meine Stärke ist es, Menschen zusammenzubringen, zu motivieren und zu koordinieren."

Der Interviewer möchte erfahren, wie selbstsicher, strukturiert und effizient Sie sind. Können Sie komplexe Themen bewältigen? Sind Sie teamfähig? Es kommt natürlich auf die Aufgabenstellung an. Im Büro sind Struktur und Organisation gefragt, im Verkauf unter anderem Kundenservice und Zuverlässigkeit. Vielleicht ist es Ihnen sogar möglich, Ihren Arbeitsstil an einem Beispiel zu verdeutlichen?

INFORMATIONSFRAGEN

MEINE ANTWORT:

OPTIMALE ANTWORTEN

Wie gehen Sie mit Konflikten um?

ANTWORTMÖGLICHKEITEN:

"Prinzipiell lebe ich lieber ohne Konflikte. Ich bin der Überzeugung, dass sich viele Konflikte durch eine sachliche Kommunikation vermeiden und auch lösen lassen. Aus diesem Grund spreche ich potenzielle Streitpunkte und Missverständnisse offen an."

"Konflikte lassen sich leider nicht immer vermeiden. Aber ich habe die Erfahrung gemacht, dass man auch viel in Situationen hineininterpretieren kann. Als ich nach meiner Ausbildung in meine erste Abteilung kam, hatte ich das Gefühl, ich wäre einer Kollegin ein Dorn im Auge. Irgendwann reichte es mir und ich sprach sie darauf an. Sie meinte zu mir, sie hätte das gleiche Gefühl bei mir gehabt. Wir waren erleichtert und verstanden uns von da an prima. Seitdem versuche ich, Konflikte immer frühzeitig und direkt anzusprechen."

"Ich vertrete stets meine Meinung, aber bleibe dabei immer freundlich und kompromissbereit. Ich bin der Meinung, dass sich Konflikte auch lohnen können."

Gerade in Teams müssen Menschen mit unterschiedlichsten Charakteren eng zusammenarbeiten. Da bleiben Konflikte nicht aus, mit Kollegen, mit Kunden oder mit Vorgesetzten. Für den Arbeitgeber bedeuten Konflikte und Streit, dass sich die Mitarbeiter weniger auf die Aufgaben konzentrieren. Auseinandersetzungen zu vermeiden und Probleme zu verschleppen, ist jedoch auch keine Lösung. Wie gehen Sie mit Konflikten um? Gehen Sie Schwierigkeiten aus dem Weg? Haben Sie eine Strategie, aufkommende Konflikte zu lösen? Konfliktfähigkeit ist eine Kernkompetenz.

INFORMATIONSFRAGEN

MEINE ANTWORT:

OPTIMALE ANTWORTEN

Wie wollen Sie zum Erfolg unserer Firma beitragen?

ANTWORTMÖGLICHKEITEN:

„Ich habe großes Verhandlungsgeschick. In meinem aktuellen Job konnte ich die Verträge mit Lieferanten zu besonders günstigen Konditionen abschließen und dadurch Kosten senken. Dies wird auch in Ihrem Unternehmen zum Erfolg beitragen."

„Ich habe umfangreiche Systemkenntnisse und war in einigen Optimierungsprojekten tätig. Mit meinen Erfahrungen kann ich auch in Ihrem Unternehmen Verbesserungsmöglichkeiten identifizieren und so die Effizienz steigern."

„Durch mein Verkaufstalent und meine Menschenkenntnis kann ich mich schnell auf verschiedene Kundentypen einstellen und passende Lösungen anbieten. Bisher konnte ich meine Neukunden meist zu Bestandskunden wandeln. Zufriedene Kunden sichern den langfristigen Geschäftserfolg."

Diese Frage kann auch in abgewandelter Form gestellt werden. Sie ist für das Unternehmen die bedeutendste aller Fragen. Was bringen Sie und Ihre Qualifikationen dem zukünftigen Arbeitgeber? Wie begeistert und motiviert sind Sie? Die Mitarbeiter machen ein Unternehmen erfolgreich. Haben Sie spezielles Know-how oder sind Sie besonders kreativ? Zeigen Sie Ihr Interesse am Erfolg des Unternehmens und bringen Sie Ihre Fähigkeiten mit den Unternehmenszielen in Verbindung.

INFORMATIONSFRAGEN

MEINE ANTWORT:

OPTIMALE ANTWORTEN

Haben Sie schon einmal Verbesserungsvorschläge gemacht?

ANTWORTMÖGLICHKEITEN:

„Ich mache mir über mein Aufgabengebiet und mein Unternehmen stets Gedanken. Es ist wichtig, dass die Praktiker Vorschläge und Feedback bringen, wie Vorgänge schneller und effizienter bearbeitet werden können, und so das Unternehmen konkurrenzfähiger machen."

„In dem Unternehmen, in dem ich zuletzt tätig war, gab es eine zentrale Optimierungsstelle, an die sich Mitarbeiter mit Verbesserungsvorschlägen wenden konnten. Diese Möglichkeit habe ich gern genutzt. Mein letzter Vorschlag war ein Eingabetool in der Kundendatenbank, welches die für uns relevanten Kunden direkt aus dem System zieht. Mein Vorschlag wurde erfolgreich umgesetzt."

„Ja, in den letzten Jahren habe ich mehrere Vorschläge zur Workflow-Optimierung im Team und bei meinem Vorgesetzten platziert und die Mehrzahl davon wurde auch umgesetzt."

Auch ein Unternehmen will stetig besser werden und sich weiterentwickeln. Um mit der Zeit zu gehen, immer effizienter zu werden und somit dem Wettbewerb Stand zu halten, kommt es auf die Hilfe der Mitarbeiter an, die direkt in der Praxis arbeiten.

Gehen Sie mit offenen Augen an Ihre Arbeitsprozesse heran und sprechen Sie es an, wenn Dinge anders gestaltet werden können? Nehmen Sie dieses Thema vielleicht sogar selbst in Angriff und entwickeln Sie Optimierungen? Hier können Sie Ihre Aussagen gut mit Beispielen veranschaulichen.

INFORMATIONSFRAGEN

MEINE ANTWORT:

OPTIMALE ANTWORTEN

Wie reagieren Sie auf Kritik?

ANTWORTMÖGLICHKEITEN:

„Ich bin ein Mensch, der sich selbst reflektiert und dankbar über Feedback ist. Kein Mensch ist fehlerfrei und ich nutze die Möglichkeit, aus Fehlentscheidungen zu lernen und stetig besser zu werden."

„Feedback finde ich sehr gut. Wenn ich der Meinung sein sollte, dass die Kritik ungerechtfertigt ist, frage ich nach konkreten Beispielen und Situationen. Dann denke ich in Ruhe darüber nach und suche gegebenenfalls nochmals das Gespräch."

„Ich lasse mein Gegenüber grundsätzlich Kritik äußern und höre aufmerksam zu. Aus Kritik lässt sich ja immer auch etwas Positives gewinnen. Sollte ich mit dem Kritisierenden übereinstimmen, versuche ich, mein Verhalten entsprechend anzupassen beziehungsweise die Kritikpunkte aus der Welt zu schaffen."

Ohne Feedback gibt es keine Veränderungen und keine Weiterentwicklung. Betrachten Sie Kritik immer als Chance und nehmen Sie diese nicht persönlich. Der Kritisierende möchte Sie auf etwas aufmerksam machen, damit Sie besser werden. Ein Chef möchte niemanden einstellen, der sich nichts sagen lässt. Jedoch ist nicht jede Kritik gerechtfertigt. Wer seine Arbeit oder Meinung sachlich verteidigt, zeigt Selbstbewusstsein und Souveränität.

INFORMATIONSFRAGEN

MEINE ANTWORT:

OPTIMALE ANTWORTEN

Sind Sie eher ein Anführer oder ein Ausführer?

ANTWORTMÖGLICHKEITEN:

„Sowohl als auch. In meinem bisherigen Berufsleben war ich immer jemandem unterstellt. Für mich ist das absolut in Ordnung. In Teamprojekten übernehme ich auch gern die anführende Rolle, koordiniere die Aufgaben und organisiere und entscheide. Daher bin ich in der Lage, eine ausführende oder anführende Position zu übernehmen."

„In meiner Position erfüllt man beide Anforderungen. Gegenüber dem Lieferanten bin ich der Anführer, der Termine vorgibt und Entscheidungen trifft. Gegenüber meinem Vorgesetzten bin ich der Ausführer, der die geplanten Vorgaben umsetzt. Ich mag diese Zwischenposition."

„Als Vorarbeiter sehe ich mich eher als Anführer, der die Mitarbeiter anleitet und berät. Jedoch mag ich es, dass ich auch als Ausführer selbst am Geschehen teilnehmen kann."

„Ich sehe mich als Macher, der den Anführer tatkräftig mit Ideen unterstützt und das Team damit vorantreibt. Ein direkter Anführer bin ich jedoch nicht."

Auch wenn Sie sich als Führungskraft beworben haben, sind Sie natürlich nicht der absolute Anführer. Jedoch können Sie auf jeden Fall betonen, dass Ihnen das Führen und Coachen von Mitarbeitern liegt. Wenn Sie eine klare Meinung dazu haben, vertreten Sie diese auch entsprechend. Alle anderen sollten eher die goldene Mitte wählen und sich nicht eindeutig festlegen.

INFORMATIONSFRAGEN

MEINE ANTWORT:

OPTIMALE ANTWORTEN

Was war die größte Herausforderung Ihres Lebens?

ANTWORTMÖGLICHKEITEN:

"Eine große Herausforderung war meine erste Führungsaufgabe. Die Balance zu halten zwischen der Erfüllung der vorgegebenen Ziele und der Zufriedenheit der Mitarbeiter, stellte sich anfangs schwieriger dar, als ich erwartet hatte. Aber nach der Einarbeitungsphase konnte ich die verschiedenen Interessen gut verbinden und Kompromisse finden."

"Mein nebenberufliches Studium war eine große Herausforderung für mich. Hierbei galt es, Beruf, Familie und Studium so unter einen Hut zu bekommen, dass keiner der Bereiche vernachlässigt wurde. Diese Aufgabe habe ich erfolgreich gemeistert."

"Als ich meine erste Projekttätigkeit übernahm, musste ich Aufgaben bewältigen, von denen ich vorher nur gehört hatte. Es war viel Eigeninitiative nötig, um mir die Techniken anzueignen und um die Strukturen aufzubauen."

Machen Sie sich im Vorfeld Gedanken zu Ihren beruflichen – nicht privaten – Leistungen. Wofür brauchten Sie besonderes Organisationsgeschick, ein ausgeklügeltes Zeitmanagement oder viel Durchsetzungsvermögen? Wie haben Sie die Herausforderung gemeistert? Wer oder was hat Ihnen dabei geholfen?

INFORMATIONSFRAGEN

MEINE ANTWORT:

OPTIMALE ANTWORTEN

Wie gehen Sie mit Niederlagen um?

ANTWORTMÖGLICHKEITEN:

„Jeder erlebt Höhen und Tiefen. Ich bin ein Mensch, der fest daran glaubt, dass jede Erfahrung im Leben einen Sinn hat, auch wenn man ihn manchmal erst später erkennt. Aus manchen Situationen soll man lernen und manchmal ergibt sich aus Niederlagen letztendlich eine bessere Alternative."

„Hinfallen, um gestärkt wieder aufzustehen. Das Leben ist und bleibt ein Spiel, bei dem man falsche Wege einschlägt oder fragwürdige Entscheidungen trifft. Aber jede Niederlage ist gleichzeitig eine Erfahrung, aus der man Erkenntnisse für sein zukünftiges Handeln ziehen kann."

„Natürlich bin ich traurig, wenn etwas nicht so läuft, wie ich es gern gehabt hätte. Ich versuche herauszufinden, woran es lag und was falsch gelaufen ist. Daraus ziehe ich meine Konsequenzen für die Zukunft."

Bei dieser Frage geht es um berufliche Niederlagen. Jeder Lebenslauf weist Höhen und Tiefen auf. Das Wichtige für Ihren neuen Arbeitgeber ist, wie Sie mit negativen Situationen umgegangen sind, welche Konsequenzen Sie gezogen und was Sie daraus gemacht haben. In jeder Niederlage steckt zumindest eine wertvolle Erfahrung, die man gewonnen hat. Scheuen Sie sich also nicht vor der Beantwortung dieser Frage.

INFORMATIONSFRAGEN

MEINE ANTWORT:

OPTIMALE ANTWORTEN

Wie motivieren Sie sich?

ANTWORTMÖGLICHKEITEN:

„Ich motiviere mich durch Erfolgserlebnisse. Wenn ich eine Aufgabe gelöst habe, bin ich sofort motiviert für neue Aufgaben."

„Mich motivieren die kleinen Erfolge im Berufsalltag. Ein konstruktives Gespräch mit meinem Team oder ein zufriedener Kunde am Telefon. Daraus ziehe ich Energie."

„Lächeln hilft mir immer. Wenn eine Aufgabe mal komplizierter und zeitintensiver ist, nehme ich mir 30 Sekunden Zeit und grinse vor mich hin. Durch diesen Trick aktiviere ich Glückshormone und baue Stress ab. Außerdem merke ich, dass ich mit einem Lächeln auch andere motivieren kann."

„Eine gute Arbeitsatmosphäre sowie ein kollegiales Klima sind meiner Meinung nach die besten Stresskiller und helfen über Rückschläge hinweg."

„Ich liebe es, Dinge zu erledigen und abzuhaken. Das ist meine Motivation. Eine erledigte Aufgabe ist für mich wie eine Tafel Schokolade für andere. Ich sage mir, wenn du das jetzt anpackst, hast du es nachher nicht mehr auf dem Tisch."

Hier geht es nicht darum, zu erklären, warum Sie sich bei diesem Unternehmen beworben haben, sondern der Interviewer möchte wissen, was Sie tagtäglich antreibt. Kommt Ihre Motivation von innen oder muss man Ihnen Anreize geben? Die Beantwortung dieser Frage verrät dem Personaler einiges über Ihre Persönlichkeit. Jeder Arbeitgeber möchte von sich aus motivierte Mitarbeiter, auf die man sich verlassen kann und die Freude an ihrer Arbeit haben. Fragen Sie sich, warum Sie jeden Morgen zur Arbeit gehen und welche Aspekte Ihnen bei der Arbeit am meisten Freude bereiten.

MEINE ANTWORT:

OPTIMALE ANTWORTEN

Sind Sie ein kreativer Mensch?

ANTWORTMÖGLICHKEITEN:

„Ich kann auf jeden Fall sehr kreativ sein, jedoch benötige ich dafür einen freien Kopf. Die besten Ideen kommen mir daher beim Sport oder bei einem Spaziergang."

„Die besten Ideen habe ich, wenn ich mir vorstelle, ich wäre mein eigener Kunde. Als Kunde denkt man meist freier und kreativer über die Leistungen des Unternehmens nach."

„Ich bin gern kreativ und setze meine eigenen Ideen im Rahmen des Möglichen um. Auf Knopfdruck ist dies etwas schwierig, aber mit ein bisschen Zeit komme ich zu kreativen Lösungen."

„Ich backe, koche und dekoriere gern ohne Rezepte und Anleitungen – Kreativität ist in diesem Bereich mein zweiter Vorname."

Ein bisschen Kreativität schadet niemandem. Wie viel davon gewünscht ist, hängt von der zu besetzenden Position ab. Kreativität ist die Fähigkeit, scheinbar unlösbare Aufgaben anders zu betrachten und so vielleicht doch einen Weg zu finden. Wie gehen Sie an schwierige Aufgabenstellungen heran? Geben Sie schnell auf? Holen Sie sich Hilfe? Haben Sie kreative Hobbys?

INFORMATIONSFRAGEN

MEINE ANTWORT:

OPTIMALE ANTWORTEN

Wenn wir uns für Sie entscheiden, brauchen wir Sie sofort. Wäre das für Sie machbar?

ANTWORTMÖGLICHKEITEN:

„Da ich mich in einem unbefristeten Arbeitsverhältnis befinde, habe ich eine Kündigungsfrist. Diese beträgt sechs Wochen. Natürlich kann ich mit meinem Arbeitgeber die Möglichkeit einer vorzeitigen Beendigung besprechen und Ihnen das Ergebnis zeitnah mitteilen."

„Mein Arbeitsverhältnis endet am … Am darauffolgenden Tag kann ich Ihnen zur Verfügung stehen."

„Da ich zurzeit selbstständig bin, kann ich Ihnen ab sofort zur Verfügung stehen. Die Abwicklung meiner Selbstständigkeit kann ich relativ kurzfristig erledigen."

„Ich befinde mich aktuell in einem unbefristeten Arbeitsverhältnis. Da mein Unternehmen einen Stellenabbau plant, sehe ich keine Hindernisse für einen Aufhebungsvertrag. Dies müsste ich verständlicherweise noch besprechen und kann Ihnen dann Bescheid geben."

Diese Frage deutet darauf hin, dass die Position schnell besetzt werden soll. Wenn das für Sie möglich ist – super! Wenn Sie sich in einem unbefristeten Arbeitsverhältnis befinden, müssen Sie auf Ihre Kündigungsfristen und die Gegebenheiten in Ihrem jetzigen Job achten.

INFORMATIONSFRAGEN

MEINE ANTWORT:

OPTIMALE ANTWORTEN

Erklären Sie einem Blinden die Farbe Gelb!

ANTWORTMÖGLICHKEITEN:

„Ich würde versuchen, die Farbe mit einem Gefühl zu beschreiben. Dies kann beispielsweise ein warmer Sommertag mit Sonnenstrahlen auf der Haut sein oder auch eine duftende Blume. Ich denke, dass nicht sehende Menschen Begriffe mit anderen Wahrnehmungen in Verbindung bringen und somit beispielsweise Farben riechen, schmecken oder fühlen können."

„Ich habe letztens gelesen, dass es mittlerweile Brillen gibt, mit denen Blinde Filme schauen können. Vielleicht könnte ich eine solche visuelle Technik nutzen, um einem Blinden die Farbe näherzubringen."

Hier geht es nicht um die Lösung an sich, sondern um den Umgang mit der Frage. Sind Sie schlagfertig oder überlegen Sie dreimal und bekommen keine richtige Antwort zustande? Kann man Sie aus der Fassung bringen oder lassen Sie sich auf das Spiel ein? Da solche Fragen extra dafür gedacht sind, Sie aus der Reserve zu locken und Sie in einer unvorbereiteten Situation zu erleben, ist es schwierig, sich darauf vorzubereiten. Bleiben Sie auf jeden Fall gelassen; auf diese Art von Fragen gibt es keine richtigen und falschen Antworten.

MEINE ANTWORT:

_____

_____

_____

_____

_____

_____

_____

_____

_____

_____

_____

_____

_____

_____

_____

_____

_____

OPTIMALE ANTWORTEN

Was wiegt eine Boeing 747?

Wenn Sie ein Straßenschild wären, welches wären Sie?

Wie viele Fenster hat New York?

Angenommen, Sie wären ein Superheld, welche Superkräfte hätten Sie gern?

Welches Haushaltsgerät ist Ihnen am ähnlichsten?

Nennen Sie zehn Dinge, die man mit einem Bleistift machen kann?

Sollten Regenwürmer Hosen tragen?

ANTWORTMÖGLICHKEITEN:

„Das ist eine spannende Frage. Allerdings sehe ich keinen Zusammenhang zu der ausgeschriebenen Stelle. Falls Sie es aber einfach nur interessiert, kann ich es gern bis zu unserem nächsten Treffen in Erfahrung bringen."

„Ich wäre ein Vorfahrtsschild und Sie?"

Auch bei diesen absurden Fragen geht es um Ihre Reaktion. Denken Sie ruhig laut bei der Suche nach einer Antwort. Wem spontan etwas einfällt, der ist hier natürlich der große Gewinner. Ansonsten cool bleiben und nicht das große Stottern beginnen.

MEINE ANTWORT:

OPTIMALE ANTWORTEN

Für die Stelle sind Sie eigentlich über-/unterqualifiziert. Warum haben Sie sich trotzdem beworben?

ANTWORTMÖGLICHKEITEN:

UNTERQUALIFIZIERT:

„Ich weiß, dass ich einige Tätigkeiten erlernen muss. Da ich jedoch über eine hohe Auffassungsgabe verfüge, kann ich mir dieses Wissen schnell aneignen. Darüber hinaus bin ich mir sicher, für die Stelle qualifiziert zu sein."

„Ich habe mich beworben, da ich sicher bin, dass ich qualifiziert bin. Die Informationen aus unserem bisherigen Gespräch haben mich in meiner Ansicht bestärkt."

ÜBERQUALIFIZIERT:

„Ich verstehe Ihre Bedenken. Sie halten es für möglich, dass ich Ihr Unternehmen nur als Übergangsstation betrachte. Aber diese Sorge kann ich Ihnen nehmen. Ich habe vor, langfristig bei Ihnen zu bleiben."

„Ich denke, dass ich meine weitreichenden Qualifikationen für Ihr Unternehmen gewinnbringend einsetzen kann."

Cool bleiben! Sie haben mit Ihrer Bewerbung und Ihren vorhandenen Qualifikationen eine Einladung zum Vorstellungsgespräch erhalten. Der Personaler nutzt den Überraschungseffekt, um Sie aus der Reserve zu locken. Wenn Sie für die Position nicht infrage kämen, säßen Sie auch nicht im Vorstellungsgespräch. Also punkten Sie mit Ruhe und Souveränität.

STRESSFRAGEN

MEINE ANTWORT:

OPTIMALE ANTWORTEN

Welche Aufgaben fallen Ihnen schwer?

ANTWORTMÖGLICHKEITEN:

„Jeder kennt das Gefühl, sich einem unliebsamen und komplexen Thema widmen zu müssen, meist mit zeitlicher Vorgabe. Jedoch habe ich die Erfahrung gemacht, dass es gar nicht mehr so schlimm ist, wenn man erst einmal angefangen hat."

„Stupides Abarbeiten fällt mir nach einer gewissen Zeit schwer. Ich muss zwischendurch andere Aufgaben erledigen, damit ich wieder voll konzentriert bin."

„Der Umgang mit schwierigen Kundengruppen kann herausfordernd sein und natürlich kann man sich dann Schöneres vorstellen. Jedoch bin ich professionell genug, auch diese Gespräche serviceorientiert und freundlich zu führen."

Diese Frage ist vergleichbar mit der Frage nach Ihren Schwächen. Bereiten Sie sich vor, indem Sie sich Ihren Arbeitsalltag vorstellen. Welche Aufgaben liegen Ihnen weniger? Nutzen Sie für Ihre Ausführungen und Beispiele Tätigkeiten, die in der neuen Position keine Schwerpunkte darstellen. Formulieren Sie auch, wie Sie sich trotzdem für diese Aufgaben motivieren, um das beste Arbeitsergebnis zu erzielen.

MEINE ANTWORT:

OPTIMALE ANTWORTEN

Hatten Sie schon einmal Schwierigkeiten mit Vorgesetzten oder Kollegen?

ANTWORTMÖGLICHKEITEN:

„Natürlich gibt es immer mal wieder Situationen, in denen man eine andere Meinung vertritt als ein Kollege oder ein Vorgesetzter. Ich bin überzeugt, dass man in einem offenen Gespräch Lösungen findet. Dieses suche ich mit den Beteiligten. Einen richtigen Streit hatte ich somit noch nicht."

„Im Team ist man nicht immer einer Meinung und in stressigen Situationen kann der Ton auch mal etwas rauer werden. Ich achte aber immer darauf, dass ich auf Schuldzuweisungen verzichte, und ich versuche, mich in mein Gegenüber hineinzuversetzen. Damit habe ich gute Erfahrungen gemacht."

„Ernsthafte Schwierigkeiten hatte ich noch nie, aber es gab durchaus schon mal regen Austausch von Kritik. Natürlich kommt das manchmal vor, wenn viele Menschen eng zusammenarbeiten. Bisher konnte ich solche Situationen jedoch immer sachlich lösen."

Auch bei dieser Frage geht es darum, wie lösungsorientiert Sie mit Konflikten umgehen und wie loyal Sie gegenüber Vorgesetzten und Kollegen sind. Gehen Sie Problemen aus dem Weg oder finden Sie Lösungen, um Ihr Arbeitsergebnis und den Erfolg des Unternehmens zu sichern? Schildern Sie am besten an einem Beispiel, wie eine kleine Unstimmigkeit mit einem Kollegen beseitigt wurde.

STRESSFRAGEN

MEINE ANTWORT:

OPTIMALE ANTWORTEN

Ist der Job nicht eine Nummer zu groß für Sie?

ANTWORTMÖGLICHKEITEN:

„Ich bin der Richtige für diesen Job und für Ihr Unternehmen. Sie haben mich sicherlich auch aus diesem Grund zu einem persönlichen Gespräch eingeladen. Meine weitreichenden IT-Kenntnisse und Erfahrungen im Bereich Netzwerkadministration kann ich gewinnbringend in Ihr Unternehmen einbringen."

„Ich bin anderer Meinung. Aufgrund meiner Erfahrungen habe ich das erforderliche Fachwissen, um die ausgeschriebene Position vollumfänglich auszufüllen. Über meine Defizite im Bereich … haben wir bereits gesprochen und ich bin mir sicher, diese in kurzer Zeit zu beseitigen. Ich denke, dass ich eine gute Wahl für Ihr Unternehmen bin."

„Da Sie mich in die engere Wahl ziehen und zum persönlichen Gespräch eingeladen haben, können Sie sich mich anscheinend in diesem Job vorstellen – so wie auch ich. Ich denke, meine Kommunikationsstärke und Chinesisch-Kenntnisse sprechen für mich."

Wenn diese Frage gestellt wird, läuft entweder das Gespräch in die falsche Richtung oder der Interviewer zielt auf einen Schockmoment ab. Vielleicht findet er Sie zu selbstbewusst oder er will herausfinden, ob Sie wirklich so souverän sind, wie Sie sich geben. Vielleicht will er aber auch einfach testen, wie schlagfertig Sie sind und wie Sie mit der Provokation umgehen.

Lassen Sie sich nicht verunsichern. Nennen Sie am besten zwei oder drei Gründe, warum Sie für den Job geeignet sind.

MEINE ANTWORT:

OPTIMALE ANTWORTEN

Was stört Sie am meisten an anderen Menschen und wie gehen Sie damit um?

ANTWORTMÖGLICHKEITEN:

„Jeder Mensch hat Charakterzüge, die einem vielleicht nicht so besonders gut gefallen. Jedoch kann ich mich gut darauf einstellen. Ich kann schlecht damit umgehen, wenn man mir bewusst wichtige Informationen vorenthält oder sogar Unwahrheiten verbreitet. Dann würde ich ein Gespräch suchen."

„Ich arbeite gern offen und vertrauensvoll mit Menschen zusammen. Daher mag ich es nicht besonders, wenn jemand intolerant und unflexibel ist."

„Ich kann nicht gut mit Menschen zusammenarbeiten, die ihre Meinung nicht offen vertreten. Ich bin der Ansicht, dass eine langfristige Geschäftsbeziehung nur durch einen offenen, respektvollen Austausch funktioniert."

„Ich finde es nicht so gut, wenn Menschen alles ungefiltert und ohne eigene Recherche zum Wahrheitsgehalt weitergeben. Mit Tratsch oder Fehlinformationen kann viel Schaden angerichtet werden."

Das ist eine heikle Frage, obwohl man nur erfahren möchte, auf was Sie im Umgang mit Menschen Wert legen. Themen wie Politik oder Rechtsprechung haben an dieser Stelle nichts zu suchen. Nennen Sie stattdessen unverfängliche Verhaltensweisen wie mangelndes Engagement, Unfreundlichkeit oder Intoleranz. Damit begeben Sie sich nicht aufs Glatteis.

STRESSFRAGEN

MEINE ANTWORT:

OPTIMALE ANTWORTEN

Halten Sie bei Streitereien zu den Kollegen oder zum Chef?

ANTWORTMÖGLICHKEITEN:

„In erster Linie hoffe ich, dass es keinen Widerspruch zwischen dem Chef und den Mitarbeitern gibt, insbesondere wenn es um die Ziele und Werte des Unternehmens geht. Je nachdem, wie mein persönlicher Standpunkt ist, werde ich argumentieren."

„Ich halte in solchen Situationen ein offenes und vertrauensvolles Gespräch zwischen allen Beteiligten für sinnvoll und würde mich dabei sachlich und objektiv äußern."

„Prinzipiell bilde ich mir eine eigene Meinung, sobald ich alle nötigen Informationen und Fakten gesammelt habe. Durch einen offenen Austausch lassen sich in den meisten Fällen Lösungen finden, mit denen alle Beteiligten gut leben können."

Wie verhalten Sie sich bei Konflikten, in denen eine weisungsbefugte Person involviert ist? Beteiligen Sie sich aktiv an der Situation, übernehmen Sie die Rolle des Schlichters oder halten Sie sich ganz heraus? Formulieren Sie Ihre Antwort möglichst neutral und sagen Sie nicht einschmeichelnd: „Ich halte zum Chef."

MEINE ANTWORT:

OPTIMALE ANTWORTEN

Wie würden andere Sie beschreiben?

ANTWORTMÖGLICHKEITEN:

„Mein Chef und meine Freunde würden über mich sagen, dass ich sehr zuverlässig bin. Wenn ich eine Deadline oder Verabredung habe, halte ich diese auch ein."

„Ich werde oft von Freunden nach meiner Meinung gefragt, da ich Situationen gut einschätzen kann und es mir leicht fällt, mich in andere hineinzuversetzen."

„Meine Kollegen würden sagen, dass sie mir Probleme anvertrauen, weil ich Gesprächsinhalte immer vertraulich behandele und Lösungen für Konflikte suche."

„Meine Freunde würden sagen, dass ich begeisterungsfähig bin und mich mit Leidenschaft und viel Motivation Projekten widme."

„Sie würden sagen, dass ich ein Organisationstalent bin, da ich privat und im Job gern die Planung übernehme."

Der Personaler will damit einen Perspektivwechsel erreichen. Sie sollen von außen auf sich schauen und Ihr Verhalten reflektieren. Was würde Ihr Chef über Sie sagen? Was schätzen Ihre Freunde an Ihnen? Zudem fällt es vielen Menschen leichter, „im Namen von anderen" über sich zu reden.

STRESSFRAGEN

MEINE ANTWORT:

OPTIMALE ANTWORTEN

Was unterscheidet Sie von anderen Bewerbern?

ANTWORTMÖGLICHKEITEN:

„Da Sie mir ein genaues Bild von der zu besetzenden Position vermittelt haben, denke ich, dass Kommunikationsfähigkeit und Organisationsgeschick sehr wichtig sind. Meine Arbeitsweise ist sehr strukturiert und professionell. Aufgrund meiner Erfahrungen im Kundenservice und in der Gesprächsführung glaube ich, die optimale Besetzung zu sein."

„Da ich hier nur für mich reden kann, möchte ich Ihnen lieber erläutern, warum ich der/die Richtige für diese Position bin. Die in der Stellenbeschreibung aufgeführten Aufgaben entsprechen genau meiner jetzigen Tätigkeit. Ich arbeite selbstständig, organisiert und motiviert. Ich denke deshalb, dass ich die Position in kürzester Zeit voll umfänglich ausfüllen kann."

„Sie haben wahrscheinlich schon einige Gespräche geführt. Hervorheben möchte ich meine ausgeprägte Kundenorientierung. Ich verstehe mich voll und ganz als Dienstleister."

Diese Frage ist ziemlich tückisch. Gehen Sie bitte nicht mit Blick auf die anderen Bewerber auf diese Frage ein. Diese sind Ihnen nicht bekannt, daher können und dürfen Sie sich kein Urteil erlauben. Betonen Sie lieber, was Sie zu dem geeignetsten Bewerber macht und warum Sie es verdienen, ausgewählt zu werden.

MEINE ANTWORT:

OPTIMALE ANTWORTEN

Was machen Sie, wenn wir Sie nicht einstellen?

ANTWORTMÖGLICHKEITEN:

„Ich fände es natürlich sehr schade, wenn Sie sich gegen mich entscheiden würden, da ich denke, dass ich gut in Ihr Unternehmen passe und mich der Herausforderung gern stellen würde. Allerdings macht mir mein jetziger Job auch Spaß und ich würde mich erst wieder bewerben, wenn ich wieder so eine spannende Ausschreibung finde."

„Natürlich wäre es schade, wenn es in Ihrem Unternehmen keine Zukunft für mich gäbe, da ich die ausgeschriebene Position ausgesprochen reizvoll finde. Jedoch habe ich mich noch auf weitere Stellen beworben und bin mir sicher, dass ich mit meinen Kenntnissen und Fähigkeiten eine herausfordernde Tätigkeit in einem anderen Unternehmen besetzen kann."

„Natürlich hoffe ich, dass Sie sich für mich entscheiden. Sollte dies nicht der Fall sein, versuche ich, eine ähnlich spannende Tätigkeit zu finden."

Der Personaler versucht mit dieser Fragestellung herauszufinden, wie Sie mit Absagen und Rückschlägen umgehen. Das ist keine Aussage über den Verlauf des bisherigen Gesprächs. Ein Unternehmen möchte Mitarbeiter gewinnen, die das Ziel nicht aus den Augen verlieren und engagiert bei der Sache bleiben. Zeigen Sie, dass Sie sich nicht demotivieren lassen, sondern weiter Ihren Weg gehen.

STRESSFRAGEN

MEINE ANTWORT:

OPTIMALE ANTWORTEN

Was denken Sie über Ihren letzten Chef?

ANTWORTMÖGLICHKEITEN:

„Mit meinem letzten Chef habe ich mich gut verstanden. Auch wenn es mal Meinungsverschiedenheiten gab, konnten wir immer Lösungen finden. Er unterstützte seine Mitarbeiter in allen Belangen. Dafür respektiere und schätze ich ihn."

„Ich komme gut mit Autoritäten klar. Bei meinem letzten Chef konnte man im Team Lösungen finden und auch mal berechtigte Kritik äußern. Ich bin immer an einem kooperativen Verhältnis interessiert."

„Meine jetzige Vorgesetzte hält einen sehr offenen und vertrauensvollen Kontakt zu ihren Mitarbeitern. Dafür schätzen wir sie alle sehr. Wenn es mal andere Ansichten im Team gibt, besprechen wir alle gemeinsam die Lösungsmöglichkeiten."

„Ich schätze meinen Chef sehr, da er auf die Potenziale in seinem Team individuell eingeht und diese fördert. So hat er mir die Weiterbildung zum ... ermöglicht."

„Mein letzter Chef war eine herausfordernde Persönlichkeit. Auch wenn nicht jeder mit ihm als Person zurechtkam, war die Zusammenarbeit immer kollegial."

Ihr zukünftiger Chef sitzt mit großer Wahrscheinlichkeit vor Ihnen. Wichtig: Egal wie Sie zu Ihrem Chef stehen, bei dieser Frage ist Vorsicht geboten! Ihre Antwort verrät viel über Ihr Verhalten und Ihren Charakter. Wenn Ihr letzter Chef für Sie eine unmögliche Person war, bleiben Sie bitte trotzdem neutral. Also machen Sie Ihren Chef nicht schlecht und auch das Unternehmen nicht. Sie müssen nicht lügen, aber versuchen Sie bitte, die Antwort so positiv wie möglich zu formulieren.

STRESSFRAGEN

MEINE ANTWORT:

OPTIMALE ANTWORTEN

Wie würde Ihr letzter Chef Sie beschreiben?

ANTWORTMÖGLICHKEITEN:

„Er hat mir oft gesagt, dass er meine Art zu denken sehr schätzt. Da ich ein sehr lösungsorientierter Mensch bin, konnte ich mit konstruktiven Vorschlägen oft meinen Beitrag zum Erfolg leisten."

„Mein Chef hat oft betont, dass bei mir der Servicegedanke sehr ausgeprägt ist. Für meine Einstellung habe ich viel Lob erhalten. Meine Neukunden wurden meist zu langjährigen Bestandskunden, weil sie mit unseren Produkten und unserem Service sehr zufrieden waren."

„Meine Chefin schätzt meine selbstständige und strukturierte Arbeitsweise sehr. Aus diesem Grund hat sie mir die Verantwortung für die Projektaufgaben übertragen."

„Mein Vorgesetzter hat mich zu seinem Stellvertreter gemacht, da ich absolut vertrauenswürdig und zuverlässig bin."

Die Frage könnte auch lauten: Wenn ich Ihren Chef anrufen würde, was würde er mir sagen? Denken Sie darüber nach, wofür Ihr Chef Sie gelobt hat und wofür sie kritisiert wurden. Sind Sie besonders engagiert? Kann man sich auf Ihr Arbeitsergebnis immer verlassen? Am besten werfen Sie auch einen Blick in Ihr Arbeitszeugnis. Formulieren Sie auf jeden Fall positiv und machen Sie den Chef nicht schlecht.

MEINE ANTWORT:

OPTIMALE ANTWORTEN

Wie schätzen Sie Ihre Leistung im Vorstellungsgespräch bisher ein?

ANTWORTMÖGLICHKEITEN:

„Ich finde, bisher läuft es sehr gut. Meine Erfahrungen und Qualifikationen passen zum ausgeschriebenen Aufgabengebiet und meiner Meinung nach besteht auch gegenseitige Sympathie. Sehr gut finde ich außerdem den Gesprächsaufbau, bei dem man einen roten Faden erkennt."

„Bisher fühle ich mich sehr wohl. Meiner Meinung nach konnte ich Ihnen ein gutes Bild von mir vermitteln und Sie davon überzeugen, dass ich mich intensiv mit Ihrem Unternehmen und dem Aufgabengebiet beschäftigt habe. Darf ich fragen, wie Sie meine Leistung im Vorstellungsgespräch bisher einschätzen?"

„Ich habe Ihnen, soweit ich das einschätzen kann, ein gutes Bild von mir als Person vermittelt. Wie Sie sicherlich merken, bin ich sehr aufgeregt und suche etwas länger nach dem richtigen Wort als gewöhnlich. Ich hoffe jedoch, Sie sehen mir das nach."

Wenn Ihnen diese Frage gestellt wird, können Sie davon ausgehen, dass der Personaler wissen möchte, inwiefern Ihr Selbstbild und sein Eindruck übereinstimmen, dass er einen Fragenkatalog abarbeitet oder dass er bereits in eine Richtung tendiert. Reagieren Sie ruhig – Sie können auch kurz in sich gehen – und zeigen Sie Selbstbewusstsein.

STRESSFRAGEN

MEINE ANTWORT:

OPTIMALE ANTWORTEN

Wie schaffen Sie ein Gleichgewicht zwischen Beruf und Familie?

ANTWORTMÖGLICHKEITEN:

„In meiner Freizeit lege ich Wert auf Entspannung und Harmonie. Meine Familie und ich verbringen viel Zeit gemeinsam in der Natur. Dabei tanken alle viel Kraft und Energie."

„Meine Partnerin und ich lieben es, zu reisen und uns Sehenswürdigkeiten anzuschauen. Deshalb sind wir in unserer Freizeit viel unterwegs und genießen die Zeit zu zweit."

„Ich treibe Sport. Dabei kann ich abschalten und fühle mich danach wie neu geboren. Das macht mich ausgeglichen und fit für den Familienalltag."

„Ich gehe, so oft es geht, meinem Hobby nach. Meine Familie teilt mein Interesse für … und ist immer mit dabei. So haben wir Zeit und Spaß als Familie und wieder Energie für unsere Aufgaben."

Viele Unternehmen legen heute Wert auf die Work-Life-Balance. Ob Sie ein gesundes Gleichgewicht zwischen Arbeit und Privatleben halten, spielt eine wichtige Rolle für Ihre Zufriedenheit im Job und somit für Ihre Leistung. Die Unternehmen haben erkannt, dass zufriedene und motivierte Mitarbeiter den größten Arbeitserfolg erzielen.

STRESSFRAGEN

MEINE ANTWORT:

OPTIMALE ANTWORTEN

Fällt Ihnen Kritik an anderen schwer?

ANTWORTMÖGLICHKEITEN:

„Kritik äußern ist wichtig, auch wenn es unangenehm sein kann. Ich bin der Meinung, dass es darauf ankommt, wie Kritik geäußert wird. Ich versuche immer ruhig und sachlich in der Ich-Form zu sprechen, um den anderen nicht anzugreifen."

„Kritik macht uns besser. Natürlich macht auch der Ton die Musik. Ich kritisiere niemals eine Person, sondern nur ein bestimmtes Verhalten oder Arbeitsergebnis. Zudem versuche ich, mich in den anderen hineinzuversetzen und die Situation aus seiner Sicht zu betrachten."

„Prinzipiell fällt es mir leicht, konstruktive Kritik zu äußern und anzunehmen, denn Feedback ist notwendig, um voranzukommen. Wenn man einem Koch immer wieder sagt, das Essen sei gut, obwohl es nicht so ist, kommt bald kein Gast mehr und keiner weiß, warum."

Vielen Menschen fällt es schwer, anderen zu vermitteln, was ihnen nicht gefällt oder wo es Verbesserungspotenziale gibt. Menschen neigen eher dazu, alles herunterzuschlucken und sich im Nachhinein oder in Abwesenheit des Betroffenen zu beschweren. Ohne Feedback gibt es jedoch keine Veränderung. Konstruktive Kritik und offene Gespräche sind im Berufsalltag enorm wichtig.

MEINE ANTWORT:

OPTIMALE ANTWORTEN

Sind Sie bereit, Überstunden zu machen?

ANTWORTMÖGLICHKEITEN:

„Prinzipiell strukturiere ich mir meine Aufgaben so, dass ich sie in der vorgegebenen Zeit schaffen kann. Natürlich gibt es auch unvorhergesehene Situationen, in denen man beispielsweise einen Kollegen vertritt und flexibel sein muss."

„Ich bin mir bewusst, dass gerade in der Einarbeitungsphase und in der Hochsaison Überstunden anfallen können. Ich habe das mit meinem Partner besprochen und bekomme volle Unterstützung."

„In meinem jetzigen Job arbeite ich sehr effizient und organisiert, sodass kaum Überstunden anfallen. Wenn wichtige oder eilige Aufgaben anliegen oder ein Kollege ausfällt, springe ich natürlich gern ein."

„Ich bin durch meine Kinder zeitlich ziemlich gebunden und gewillt, die Arbeit in der vorgegebenen Zeit zu schaffen. Sollten dennoch Überstunden nötig werden, kann ich dies bis zu einem gewissen Maß organisieren."

Bei dieser Frage gilt es wieder, einen Mittelweg zu finden. Bitte nicht unterwürfig antworten: „Überhaupt kein Problem, mache ich." Wer ständig Überstunden macht, erweckt den Eindruck, dass er die Arbeit nicht im Griff hat, weil er langsam oder schlecht organisiert ist. Ziel der täglichen Arbeitszeit muss sein, das erforderliche Pensum zu schaffen. Natürlich gibt es auch besondere Aufträge, krankheitsbedingte Ausfälle oder Urlaubsvertretungen, die Überstunden notwendig machen. Signalisieren Sie, dass Sie generell bereit sind, Überstunden zu leisten, wenn es nicht der Regelfall ist und diese auch ausgeglichen werden – zeitlich oder finanziell.

MEINE ANTWORT:

OPTIMALE ANTWORTEN

Sie waren nicht lange bei Ihrem letzten Arbeitgeber. Wie lange werden Sie bei uns bleiben?

ANTWORTMÖGLICHKEITEN:

„Sie haben recht. Ich war nur zwölf Monate bei meinem letzten Arbeitgeber. Mein Arbeitsplatz war leider von Umstrukturierungsmaßnahmen im Unternehmen betroffen. Davor war ich jedoch fünf Jahre bei meinem vorherigen Arbeitgeber."

„Ich war für 14 Monate als Schwangerschaftsvertretung eingesetzt. Als die Mitarbeiterin aus der Elternzeit zurückkam, gab es keine Möglichkeit, im Unternehmen zu bleiben. Die Zeit war dennoch eine wertvolle Erfahrung, da ich mich in das Programm einarbeiten konnte, mit dem auch Ihr Unternehmen arbeitet."

„Ich habe schon nach kurzer Zeit gemerkt, dass das Unternehmen und ich unterschiedliche Vorstellungen von der Zusammenarbeit hatten. Aus dieser Erfahrung habe ich gelernt, meine beruflichen Entscheidungen noch besser informiert zu treffen. Ich bin an einem langfristigen Arbeitsverhältnis interessiert und möchte im Laufe der Zeit auch mehr Verantwortung übernehmen."

Die Frage soll in Erfahrung bringen, wie langfristig das Unternehmen mit Ihnen rechnen kann. Sind Sie längerfristig an der Position interessiert? Oder haben Sie vielleicht immer neue Ideen und Ihnen wird ein Job schnell langweilig? Nutzen Sie den Posten als „Sprungbrett" in das nächste Unternehmen? Ihr zukünftiger Arbeitgeber hat eine Stelle zu besetzen und denkt natürlich bei einer unbefristeten Einstellung langfristig. Eine Fehlbesetzung kostet das Unternehmen viel Zeit und Geld.

Machen Sie sich vor dem Gespräch Gedanken darüber, wie lange Sie gern in diesem Job arbeiten wollen. Welche Karriereziele haben Sie und welche Rahmenbedingungen brauchen Sie, um zufrieden zu sein? Zeigen Sie dem Interviewer, dass Sie es ernst meinen, und kommunizieren Sie auch Ihre Vorstellungen.

STRESSFRAGEN

MEINE ANTWORT:

OPTIMALE ANTWORTEN

Wie viel wollen Sie verdienen?

ANTWORTMÖGLICHKEITEN:

„Ich strebe ein Jahresgehalt von ... Euro an. Das ist eine marktübliche Vergütung für diese Position, die ich durch meine Erfahrungen und meine Kenntnisse nach kurzer Einarbeitung voll und ganz ausfüllen kann."

„Mein Gehalt sollte sich an meiner Qualifikation, meiner Erfahrung und meinem Nutzen für Sie orientieren. Da ich auf dem Gebiet der Marketinganalyse umfassende Kenntnisse mitbringe, stelle ich mir daher ein Jahresgehalt von ... Euro vor."

„Ausgehend von meiner fachlichen Qualifikation halte ich ein Jahresgehalt von ... Euro für angemessen."

„Bei meinem jetzigen Arbeitgeber liege ich in diesem Tätigkeitsfeld in einem Bereich von ... Euro und nach meinen Recherchen ist das ein marktübliches Niveau."

An diese Frage muss man geschickt herangehen. Hier sollten Sie sich nicht unter Wert verkaufen, aber auch nicht zu hoch pokern. Informieren Sie sich vorab, welches Gehalt in dieser Position oder dem Tätigkeitsfeld in dieser Branche üblich ist. Oder nehmen Sie Ihr jetziges Gehalt und schlagen fünf bis zwanzig Prozent oben drauf – entsprechend der Branche, der Region, der Unternehmensgröße, den Anforderungen der neuen Stelle. Nennen Sie einen Bereich für Ihr Brutto-Jahresgehalt, dann hat der Personaler eine Vorstellung und Sie noch Spielraum für die Verhandlung.

Bitte keine Sätze wie: „Ich habe gerade ein Haus gebaut und benötige daher mindestens ... Euro." Das Unternehmen ist für Ihre privaten Ausgaben nicht verantwortlich, sondern möchte wissen, was Sie dem Unternehmen bringen und zu welchem Preis.

STRESSFRAGEN

MEINE ANTWORT:

OPTIMALE ANTWORTEN

Was spricht dagegen, Sie einzustellen?

ANTWORTMÖGLICHKEITEN:

„Gegen mich spricht ziemlich wenig. Meine geringe Erfahrung im Bereich ... hatten wir ja bereits besprochen und ich bin mir sicher, mir das notwendige Know-how in Eigeninitiative schnell aneignen zu können. Inwieweit das gegen mich spricht, müssen Sie beurteilen. Ich bin davon überzeugt, für die Position geeignet zu sein."

„Ausgehend von meiner Berufserfahrung und meiner Qualifikation für die zu besetzende Stelle würde ich Ihnen dazu raten, mich einzustellen. Der Sympathiefaktor zwischen uns scheint mir ebenfalls erfüllt zu sein. Ich finde daher keinen Grund, der gegen mich spricht."

Mit einem Augenzwinkern:

„Aus dem bisherigen Gespräch kann ich entnehmen, dass wir gut zusammenpassen. Bitte stellen Sie mir diese Frage erneut, wenn wir über das Gehalt verhandeln."

„Ich sehe bisher keine Gründe, die gegen mich sprechen. Meine Qualifikationen entsprechen Ihren Anforderungen und als Mensch passe ich auch gut in Ihr Team. Was würde denn dagegen sprechen, in Ihrem Unternehmen zu starten?"

Diese Frage zielt in erster Linie darauf ab, Sie aus der Reserve zu locken und Ihre Belastbarkeit in Stresssituationen zu testen. Aber natürlich soll der Überraschungseffekt auch dafür sorgen, dass Sie vielleicht doch noch eine Schwäche offenbaren. Lassen Sie sich nicht verunsichern. Kein Interviewer erwartet hier eine Antwort, die Sie selbst ins Aus schießen könnte. Nennen Sie keine Schwäche, die für die Stelle relevant sein könnte. Humor bringt bei dieser Frage Sympathiepunkte.

MEINE ANTWORT:

OPTIMALE ANTWORTEN

Was war in Ihrer bisherigen Karriere Ihr größter Fehler?
Was haben Sie daraus gelernt?

ANTWORTMÖGLICHKEITEN:

„In meinem Studium hatte ich mein Zeitmanagement nicht richtig im Griff und dadurch einen kompletten Blackout in einer wichtigen Prüfung. Dadurch musste ich ein Semester länger studieren. Das hat mich geprägt. Ich teile mir meine Zeit seither besser ein und konzentriere mich auf das Wesentliche. Mir ist es nicht wieder passiert, dass ich durch eine Prüfung gefallen bin."

„Bei meinem vorherigen Arbeitgeber habe ich eine technische Eingabe nicht richtig kontrolliert, da ich zwei Aufgaben auf einmal erledigen wollte. Dadurch ist zwar kein Schaden entstanden, jedoch ein absolutes Durcheinander und ich brauchte Tage, um alles wieder zu bereinigen. Mittlerweile arbeite ich meine Aufgaben nacheinander nach Dringlichkeit ab."

Jeder Mensch macht Fehler. Auch Sie und ich und unsere Chefs. Jedoch ist der Umgang damit entscheidend. Fehler sind wichtig, um voranzukommen und zu lernen. In immer mehr Unternehmen gibt es inzwischen eine Fehlerkultur. Das heißt, Fehler dürfen passieren, aber man muss daraus lernen.

Beschreiben Sie kurz und präzise einen Fall aus Ihrer bisherigen Berufslaufbahn. Gehen Sie darauf ein, wie Sie zu diesem Fehler gestanden haben und machen Sie deutlich, dass Sie aus den Konsequenzen gelernt haben. Schieben Sie die Schuld auf keinen Fall anderen zu.

STRESSFRAGEN

MEINE ANTWORT:

OPTIMALE ANTWORTEN

Welche Frage möchten Sie nicht gestellt bekommen?

ANTWORTMÖGLICHKEITEN:

„Mit der Frage möchten Sie indirekt etwas über meine Schwächen erfahren? Ich würde gern meine handwerklichen Fähigkeiten verbessern, da diese noch ausbaufähig sind."

„So einfach möchte ich es Ihnen ungern machen, meine Schwächen ans Licht zu bringen."

„Wenn ich ganz ehrlich bin: diese."

„Die Frage, welche Frage ich nicht gestellt bekommen möchte, möchte ich nicht gestellt bekommen."

„Wenn ich diese Frage bei einem Quizspiel beantworten müsste, würde ich mich selbst um die Million bringen."

Diese Frage ist eine Variation der Frage nach Ihren Schwächen. Ihr Gegenüber startet erneut einen Versuch, Ihre Schwächen zu entlarven. Wenn Ihnen eine spontane Antwort einfällt, super! Ansonsten weichen Sie freundlich der Frage aus.

STRESSFRAGEN

MEINE ANTWORT:

OPTIMALE ANTWORTEN

Erzählen Sie mir etwas über sich, was nicht im Lebenslauf steht und was mir in Erinnerung bleiben wird!

ANTWORTMÖGLICHKEITEN:

„Sehen Sie die Narbe an meinem Kinn? Als Kind fiel ich über die Füße meiner Schwester. Um mich abzustützen, hielt ich mich am Weihnachtsbaum fest und riss ihn dabei um. Dabei fiel ich so unglücklich, dass ich gegen die Tischkante knallte. Es musste genäht werden, aber man sagt, ich war sehr tapfer."

„Als Jugendlicher wollte ich mal ganz heldenhaft sein und die kleine Katze meiner Nachbarin vom Baum retten. Als ich dann oben mit ihr im Baum saß, bekam ich Angst und kam selbst nicht mehr runter. Meine Nachbarin musste Hilfe holen. Seitdem habe ich Höhenangst."

„Ich werde im Freundeskreis Elvis genannt, weil ich so ein großer Fan bin und auf Feiern schon mal im Elvis-Kostüm auftrete und singe."

Wer eine spannende oder lustige Geschichte auf Lager hat, kann sie an dieser Stelle gern erzählen. Es geht um etwas Außergewöhnliches. Es gibt in Ihrer Vergangenheit sicher eine Geschichte, die Ihre Familie immer wieder erzählt. Ist Ihnen im Urlaub schon einmal etwas Verrücktes passiert oder haben Sie ein ausgefallenes Hobby? Schreiben Sie gerade an einem Buch oder haben Sie seit 25 Jahren eine Brieffreundschaft mit einem Indonesier?

STRESSFRAGEN

MEINE ANTWORT:

OPTIMALE ANTWORTEN

Wie würden Sie sich selbst in nur einem Wort beschreiben?

ANTWORTMÖGLICHKEITEN:

„Zuverlässig."

„Organisiert."

„Kreativ."

„Servicebewusst."

„Lösungsorientiert."

„Ehrlich."

„Durchsetzungsstark."

„Tolerant."

„Konsequent."

„Eigeninitiativ."

„Empathisch."

„Loyal."

Selbstbewusstsein ist klasse, Arroganz oder Selbstüberschätzung sind es nicht. Also sympathisch bleiben! Die ausgewählte Eigenschaft kann dem Job beziehungsweise der Branche angepasst werden. Sie können eine Ihrer ausgearbeiteten Stärken aus Kapitel 2 in einem Wort zusammenfassen. Fragen Sie Ihre Familie und Ihre engsten Freunde, welches Wort ihnen zu Ihrer Person einfällt. Manchmal wird auch nach drei Worten gefragt.

MEINE ANTWORT:

OPTIMALE ANTWORTEN

Was würden Sie tun, wenn Sie morgen im Lotto gewinnen?

ANTWORTMÖGLICHKEITEN:

„Da ich kein Lotto spiele, ist das recht unwahrscheinlich. Sollte ich also theoretisch im Lotto gewinnen, würde ich nicht viel ändern. Ich bin so erzogen, dass ich nicht im Überfluss leben möchte. Vielleicht würde ich meine Arbeitsstunden reduzieren und dafür mehr reisen und mir die Welt anschauen. Einen Teil würde ich definitiv an eine Kindereinrichtung spenden."

„Ich würde als Erstes mein Haus abbezahlen und mich freuen, dass ich keinen Kredit mehr bedienen muss. Dann würde ich meinen Eltern ein Haus kaufen. Den Rest würde ich für meine Kinder anlegen und weiterleben wie bisher."

„Ich würde mich ehrenamtlich engagieren und einen Teil des Gewinns spenden. Vielleicht würde ich mir diese teure Tasche kaufen, bei der ich schon so lange überlege."

Eine beliebte Frage, die auf Ihre Persönlichkeit abzielt. Bitte antworten Sie nicht: „Das hängt von der Höhe des Gewinns ab" oder: „Ich würde sofort auswandern". Am sympathischsten sind Menschen, die trotz des Geldsegens auf dem Boden der Tatsachen bleiben. Natürlich kann man auch hier mit Humor und einer ausgefallenen Antwort punkten.

MEINE ANTWORT:

OPTIMALE ANTWORTEN

Wie reagieren Sie, wenn Sie herausfinden, dass Ihre Kollegin gemobbt wird?

ANTWORTMÖGLICHKEITEN:

„Sollten mir wiederholt Lästereien oder böse Gerüchte über eine Kollegin zu Ohren kommen, suche ich vorsichtig das Gespräch mit der Betroffenen. Wie nimmt sie die Anfeindungen wahr? Wenn die Kollegin sich gemobbt fühlt, würde ich die Kollegen darauf ansprechen und an ihren Teamgeist appellieren. Sollte dies nicht zur Beendigung der Attacken führen, wende ich mich an den Betriebsrat oder meinen Vorgesetzten und hole mir Rat, welche Schritte eingeleitet werden sollten."

„Als Erstes würde ich das Gespräch mit der Kollegin suchen. Mobbing kann psychisch und physisch krank machen. Ich würde der Kollegin empfehlen, sich zu wehren und ihr Unterstützung anbieten. Zudem würde ich ihr nahelegen, sich zu den Vorfällen Notizen zu machen und sich professionelle Hilfe zu suchen."

Mobbing am Arbeitsplatz ist ein ernstes Thema und leider keine Seltenheit. Mobbing beginnt meist unterschwellig und geht häufig von einer oder wenigen Personen aus. Umso wichtiger ist es für Unternehmen, dass alle Mitarbeiter sensibilisiert sind, bereits in den Anfängen des Mobbings eingreifen und Courage zeigen. Leider bekommen die Vorgesetzten meist erst viel zu spät mit, dass im Team etwas schiefläuft.

STITUATIONSFRAGEN

MEINE ANTWORT:

OPTIMALE ANTWORTEN

Wie reagieren Sie, wenn Sie merken, dass jemand aus Ihrem Team etwas gestohlen hat?

ANTWORTMÖGLICHKEITEN:

„Ich bin sehr vorsichtig mit solchen Anschuldigungen. Manchmal ist es ganz anders, als es aussieht, man bekommt nur die halbe Situation mit, die dann zu einem falschen Eindruck führt. Ich würde die Person in einer ruhigen Minute darauf ansprechen. Hat sie eine plausible Erklärung parat, ist es vorerst für mich erledigt."

„Sollte es Beweise oder Zeugen für den Diebstahl geben, suche ich das Gespräch mit der Person und fordere sie auf, zum Vorgesetzten zu gehen und die Wahrheit zu sagen. Dieser kann dann entscheiden, ob er die Polizei informiert."

Bei dieser Situationsfrage geht es in erster Linie darum, wie loyal Sie Ihrem Arbeitgeber gegenüber sind. Ihre Antwort gibt aber auch preis, wie ehrlich Sie sind und wie Sie mit schwierigen Situationen umgehen. Schauen Sie weg, um einer unangenehmen Lage zu entgehen, sprechen Sie den Verdächtigen an oder gehen Sie vielleicht einen ganz anderen Weg? Loyalität, Ehrlichkeit und Umsicht sind Eigenschaften, die sich jedes Unternehmen von seinen Mitarbeitern wünscht.

STITUATIONSFRAGEN

MEINE ANTWORT:

OPTIMALE ANTWORTEN

Wie reagieren Sie, wenn Sie Ihr Steak englisch beziehungsweise blutig geordert haben, der Kellner bringt es jedoch durchgebraten?

ANTWORTMÖGLICHKEITEN:

„Ich rufe den Kellner und spreche es offen an. Ich bitte ihn höflich, ein neues Steak zu bringen."

„Es kann jedem mal ein Fehler unterlaufen. Letztens habe ich einen Salat ohne Zwiebeln bestellt und es waren dann doch Zwiebeln drauf. Ich schaute die Kellnerin traurig an und sagte, dass ich Zwiebeln nicht vertrage. Sie brachte mir sofort einen neuen Teller mit Salat ohne Zwiebeln."

„So was kommt vor. Das sind ja auch alles nur Menschen. Ich spreche es einfach an und bitte um ein neues Stück Fleisch."

„Da mir das nicht so wichtig ist und ich Fleisch in jedem Zustand mag, esse ich es. Schließlich soll das Steak nicht weggeworfen werden. Beim Abräumen würde ich den Fehler kurz ansprechen, damit es nicht wieder passiert, aber auch sagen, dass es mir trotzdem geschmeckt hat."

Jeder kennt diese Situation. Der Kellner bringt eine falsche Bestellung oder vergisst, einen Sonderwunsch umzusetzen. Wie reagieren Sie darauf? Indirekt gibt Ihre Antwort Auskunft über Ihre Fähigkeit und Ihren Willen, andere zu kritisieren. Bleiben Sie fair und freundlich? Oder vermiest Ihnen so ein Vorkommnis den Abend? Vermeiden Sie es, andere zu kritisieren, oder vertreten Sie Ihren Standpunkt offen?

STITUATIONSFRAGEN

MEINE ANTWORT:

OPTIMALE ANTWORTEN

Was tun Sie, wenn sich ein Kunde beschwert und dabei ausfallend Ihnen gegenüber wird?

ANTWORTMÖGLICHKEITEN:

„Ich versuche, die Gründe für sein ausfallendes Verhalten zu erfahren. Auch der Kunde ist ein Mensch, der einfach einen schlechten Tag haben kann und ein Ventil braucht. Ist mir jedoch ein Fehler unterlaufen, berichtige ich ihn und entschuldige mich. Immerhin ist auch ein aufgebrachter Kunde ein Kunde, der die bestmögliche Leistung unseres Unternehmens verdient und zufrieden sein soll. Wenn sich ein Kunde jedoch regelmäßig unangemessen über alles beschwert, würde ich ihn fragen, warum er immer wieder bei uns kauft."

„Da sowohl ich als auch unser Unternehmen zufriedene Kunden möchte, erfrage ich die Gründe seiner Beschwerde. Ich weise ihn jedoch auch darauf hin, dass ich ihm besser helfen kann, wenn wir auf eine sachliche und freundliche Weise miteinander sprechen."

Der Kunde ist König. Diesen Satz kennt vermutlich jeder. Aber muss man sich deshalb alles gefallen lassen? Wie reagiert man, wenn ein Kunde persönlich wird? Kundenorientierung ist einer der Grundpfeiler des betrieblichen Erfolgs. Jedoch dürfen Sie auch klarstellen, dass der Ton sachlich und höflich bleiben sollte.

Mit dieser Frage kann man sowohl Ihre Serviceorientierung als auch Ihre Fähigkeit im Umgang mit Beschwerden beleuchten.

STITUATIONSFRAGEN

MEINE ANTWORT:

OPTIMALE ANTWORTEN

Was tun Sie, wenn die Kassiererin im Supermarkt Ihnen zwei Euro zu viel zurückgibt?

ANTWORTMÖGLICHKEITEN:

„Ich spreche die Kassiererin an und gebe ihr das Geld zurück."

„Da ich selbst mal im Nebenjob an einer Kasse gearbeitet habe, weiß ich, wie unangenehm es ist, wenn zum Feierabend die Kasse nicht stimmt. Ich war jedem Kunden dankbar, der mich auf meinen Fehler hingewiesen hat, und würde immer dasselbe tun."

„Ich bedanke mich mit einem Lächeln für das Trinkgeld, lehne aber dankend ab und gebe ihr die zwei Euro wieder."

Auch diese Situation ist aus dem Leben gegriffen. Es ist wohl jedem schon einmal passiert, dass man zu viel oder zu wenig Wechselgeld bekommen hat. Diese Frage zielt auf Ihre Ehrlichkeit und Ihr Sozialverhalten ab. Die Kassiererin muss sich höchstwahrscheinlich am Abend wegen des fehlenden Betrags rechtfertigen. In manchen kleineren Unternehmen muss eine Differenz sogar aus der eigenen Tasche gezahlt werden. Daher gibt es hier nur eine Richtung, in die Ihre Antwort gehen sollte!

STITUATIONSFRAGEN

MEINE ANTWORT:

OPTIMALE ANTWORTEN

Was tun Sie, wenn ein Bekannter Sie auf die schlechte Presse der letzten Tage zu unserem Unternehmen anspricht?

ANTWORTMÖGLICHKEITEN:

„Ich informiere mich über die Berichte und prüfe deren Wahrheitsgehalt. Prinzipiell treffe ich keine Aussagen zum Inhalt der Berichterstattung, weise meinen Bekannten jedoch darauf hin, dass die Presse nicht immer den korrekten Sachverhalt abdruckt."

„Ich stelle klar, dass in der Presse Sachverhalte teilweise aufgebauscht und nicht korrekt dargestellt werden. Zudem weise ich auf den guten Ruf hin, den sich das Unternehmen über die Jahre erarbeitet hat."

„Ich wurde mit diesem Thema bereits konfrontiert, als unser Unternehmen wegen eines geplanten Stellenabbaus in den Schlagzeilen war. Die Presse hatte hier tatsächlich übertrieben. Ich teilte meinem Bekannten mit, dass das Unternehmen für seine Kunden effizienter werden will und somit eine Umstrukturierung und Einsparungen notwendig seien, jedoch nicht in der genannten Größenordnung."

Ein Mitarbeiter sollte seinem Arbeitgeber gegenüber stets loyal eingestellt sein. Natürlich läuft nicht immer alles rund und Sie dürfen sich auch mal beschweren. Prinzipiell sollten Sie jedoch hinter dem Unternehmen und den Produkten stehen. Andernfalls ist es vielleicht das falsche Unternehmen für Sie. Wie reden Sie also in Ihrer Freizeit über „Ihr" Unternehmen? Dem möchte der Personaler mit dieser Frage auf den Grund gehen. Denken Sie dabei bitte nicht an Ihren jetzigen oder letzten Arbeitgeber, sondern stellen Sie sich vor, dass Sie den neuen Job bereits angetreten haben.

MEINE ANTWORT:

OPTIMALE ANTWORTEN

Wie reagieren Sie, wenn Sie mit einer Entscheidung Ihres Vorgesetzten nicht einverstanden sind?

ANTWORTMÖGLICHKEITEN:

„Ich überlege mir, was mich an der Entscheidung konkret stört und warum. Wenn ich meine Bedenken klar formuliert habe, bespreche ich diese offen mit meinem Vorgesetzten und versuche, ihm meine Zweifel nahezubringen."

„Nachdem ich alle Gründe erarbeitet habe, die für mich gegen die Entscheidung meines Vorgesetzten sprechen, setze ich mich mit meinen Kollegen zusammen, um ihre Sicht auf die Entscheidung zu erfahren. Falls sie meine Bedenken teilen, können wir zusammen Alternativen und Lösungen erarbeiten."

Diese Frage kann verschiedene Hintergründe haben. Vielleicht hat die Führungskraft bereits negative Erfahrungen in diesem Zusammenhang gemacht oder aber sie möchte wissen, inwiefern konstruktive Kritik von Ihnen zu erwarten ist.

Auf jeden Fall möchte der Interviewer etwas über Ihren Charakter und Sie als Persönlichkeit erfahren. Schweigen Sie lieber, als Ihrem Chef gegenüber Bedenken zu äußern? Werden Sie bockig und stellen sich quer? In Ihrer Antwort sollte deutlich werden, dass Sie sich nicht scheuen, dem Vorgesetzten sachlich und konstruktiv Rückmeldung zu seinen Entscheidungen zu geben. Weder Jasager noch Querulanten unterstützen den Vorgesetzten dabei, die besten Lösungen zu finden.

STITUATIONSFRAGEN

MEINE ANTWORT:

OPTIMALE ANTWORTEN

Fragen, bei denen Sie lügen dürfen

In Bewerbungsgesprächen kommt es gelegentlich vor, dass unzulässige Fragen gestellt werden – beabsichtigt oder unbeabsichtigt. Da die wahrheitsgemäße Beantwortung solcher Fragen als Nachteil gewertet werden kann, hat der Gesetzgeber dem Bewerber das Recht zur Lüge eingeräumt.

Unzulässig sind Fragen zur politischen Gesinnung, Religion, zu Behinderungen, Krankheiten, sexuellen Neigungen, Vorstrafen, Vermögensverhältnissen oder auch zu Freizeitsportarten – wenn sie kein besonderes Gefährdungspotenzial darstellen. Wahrheitsgemäß beantwortet werden müssen diese Fragen nur, wenn die Tätigkeit oder das Unternehmen durch die Umstände stark beeinträchtigt würden, zum Beispiel bei Verkehrsstraftaten von Kraftfahrern. Die Frage nach dem bisherigen Gehalt ist ebenfalls nicht erlaubt, aber hier dürfen Sie keine falschen Angaben machen. Die Frage nach Gehaltsvorstellungen ist selbstverständlich zulässig.

Die beliebteste verbotene Frage wird jedoch Frauen gestellt:

„Sind Sie schwanger oder beabsichtigen Sie in absehbarer Zeit, Kinder zu bekommen?"

Hier dürfen Sie, ohne zu überlegen, Nein sagen, auch wenn Sie vielleicht andere Pläne haben. Sie können natürlich auch bei der Beantwortung solcher Fragen Ihrer Kreativität freien Lauf lassen – ohne dabei unfreundlich zu sein. Auf die Frage nach einer Schwangerschaft, Parteizugehörigkeit oder einer Vorstrafe können Sie mit einem Augenzwinkern antworten:

„Ist das eine Voraussetzung für den Job?"

ZUSAMMENFASSUNG TO GO

24 ÜBUNGSKARTEN

Schönes Wetter heute.
Sie schaffen das!

Vor allem die Vorbereitung ist der Schlüssel zum Erfolg.
Wir haben uns zusammen gut auf Ihr Gespräch vorbereitet!

Optimale Vorbereitung

Checkliste:

- verbindliche Bestätigung des Termins
- Anfahrtsweg mit Pkw oder öffentlichen Verkehrsmitteln geprüft und Abfahrtszeit geplant
- Kontaktdaten des Unternehmens/der Ansprechperson
- Einladungsschreiben
- Bewerbungsunterlagen
- Notizblock und funktionierender Stift
- Informationen zum Unternehmen recherchiert
- Selbstpräsentation geübt
- saubere und der Branche entsprechende Kleidung
- Handy lautlos/aus

Small-Talk-Themen

Mögliche Themen: Wetter, Anreise und Lage des Unternehmens, Sport, Kultur, Regionales

„Ich hatte heute sehr viel Glück, dass trotz des Wetters alle Straßen frei waren. Sind Sie heute gut durch den Verkehr gekommen?"

„Die Stadt ist sehr schön. Ich werde mir heute Nachmittag auf jeden Fall noch das Schloss ansehen. Gehen Sie dort gelegentlich auch hin?"

„Sie haben sehr schöne Büroräume. Wann wurde das Haus gebaut?"

„Ihre Empfangsdame war sehr freundlich und hat mir den Weg gezeigt. In Ihren Räumen kann man sich leicht verlaufen. Ging es Ihnen anfangs auch so?"

Wer sich selbst kennt,
kann über sich hinauswachsen.

Es gibt nur eine Chance für den
ersten Eindruck. Nutzen Sie sie!

Tipps für die ersten Minuten

- Denken Sie an den festen Händedruck bei der Begrüßung!
- Warten Sie, bis Sie einen Platz angeboten bekommen!
- Eine aufrechte und offene Haltung sorgt für Sympathie.
- Halten Sie Augenkontakt und lächeln Sie!
- Nehmen Sie angebotene Getränke an!
- Siezen Sie Ihren Gesprächspartner!
- Fragen Sie, ob Sie sich während des Gesprächs Notizen machen dürfen!
- Spiegeln Sie die Körperhaltung Ihres Gegenübers!
- Fragen Sie bei Unklarheiten nach!

Selbstreflexion

Meine Stärken:
___
___
___

Meine Schwächen und wie ich sie in Stärken umwandeln kann:
___
___
___

Was macht mich aus?:
___
___
___

Seien Sie ein Typ.

Stehen Sie zu Ihren Ecken und Kanten.

ICH BIN …

ICH HABE …

ICH KANN …

Selbstpräsentation

- kreativen Einstieg wählen
- beruflichen Werdegang in Etappen darlegen mit Fokus auf Aufgabenbereiche und Schwerpunkte, die für die Stelle von Vorteil beziehungsweise maßgeblich sind
- eventuelle Lücken geschickt erklären
- Verbindung zwischen Ihrem Profil und den Anforderungen in der Stellenbeschreibung herstellen

Meine Stichpunkte:

_____
_____
_____
_____
_____
_____
_____

Fragen zu Ihrem Lebenslauf

Haben Sie Lücken, eine Auszeit oder komplette Richtungswechsel im Lebenslauf? Keine Sorge, Geradlinigkeit spielt heute keine so große Rolle mehr. Erklären Sie schlüssig Ihre Entscheidungen und stellen Sie Ihre Erfahrungen in den Vordergrund.

Mein Bruch im Lebenslauf und was ich Positives daraus gemacht habe:

_____
_____
_____
_____
_____
_____
_____

Sie sind besser als Ihre Nervosität.
Schreiben Sie sich das Wichtigste auf,
so vergessen Sie es nicht.

Wenn zwei das Gleiche sehen, ist es noch
lange nicht dasselbe.
Der Interviewer ist auf Feinheiten geschult –
Sie jetzt auch.

Auf was der Interviewer achtet

Ein Personaler achtet auf Kleinigkeiten. Benehmen und Auftreten sind wichtig für die Beurteilung der Soft Skills. Wichtig ist auch, dass Ihre Motivation deutlich wird, warum Sie diesen Job anstreben.

Vor dem Gespräch werden häufig Kriterien festgelegt, anhand derer die Bewerber beurteilt werden.

Der Bewerber...

- drückt sich präzise aus
- tritt selbstbewusst auf
- wirkt authentisch/glaubwürdig
- nutzt stichhaltige Argumente
- kann Prioritäten setzen
- ist kundenorientiert
- sucht nach Lösungen
- ist teamfähig
- geht sachlich mit Kritik um
- stellt sich schnell auf Veränderungen ein
- ...

Mein Spickzettel

Vermerken Sie die wichtigsten Argumente, die für Sie als Kandidat für die Position sprechen. Nehmen Sie den Zettel mit ins Gespräch, um im Notfall einen Blick darauf werfen zu können.

Was ich im Gespräch unbedingt erwähnen will:

_____
_____
_____
_____
_____
_____
_____

„Ist das eine Voraussetzung für den Job?"

„Eine Frage hätte ich da noch …" – Wer fragt, gewinnt!

Ihre Rückfragen

Während des Gesprächs können Sie sich bereits Notizen für Ihre Fragen machen.

Beispiele:

- „Wie wird die Einarbeitung ablaufen?"
- „Wie groß wäre mein Team in dieser Position?"
- „Wurde die ausgeschriebene Stelle neu geschaffen?" Wenn nicht: „Warum ist mein Vorgänger nicht mehr in der Abteilung tätig?"
- „Kann ich den zukünftigen Arbeitsplatz sehen?"

Was ich unbedingt fragen will:

_____

_____

_____

_____

Fragen, bei denen Sie lügen dürfen

Fragen zu folgenden Themen sind unzulässig:

- Religion/Glauben
- politische Gesinnung/Parteizugehörigkeit
- Schwangerschaft/Kinderwunsch
- Behinderung
- Krankheit
- sexuelle Neigung
- Vorstrafen
- Vermögensverhältnisse/Schulden
- Freizeitsportarten
- früheres Gehalt (hier dürfen Sie jedoch keine falschen Angaben machen)

Bleiben Sie trotz unerlaubter Fragen professionell und höflich. Antworten Sie möglichst mit einem simplen Nein.

Weshalb haben Sie sich bei uns beworben?

„Ich befinde mich aktuell befristet in einer spannenden und herausfordernden Tätigkeit, jedoch fehlt mir etwas ganz Entscheidendes: eine langfristige Perspektive. Diese sehe ich in Ihrem Unternehmen."

„Ich wohne in … und arbeite derzeit in … Aus familiären Gründen möchte ich meinen Arbeitsplatz näher an meinen Lebensmittelpunkt verlegen. Die Zeit, die ich durch die kürzeren Fahrtwege spare, kann ich effektiv in Ihrem Unternehmen einsetzen."

„Die ausgeschriebene Stelle entspricht genau meinen Vorstellungen. Nun sehe ich die Chance, endlich in meiner Wunschposition zu arbeiten."

„Ich habe gerade eine Weiterbildung zum … gemacht und möchte mich daher nun beruflich einer neuen und größeren Herausforderung stellen."

Wo sehen Sie Ihre größten Stärken?

„Ich habe gelernt, in stressigen Situationen Ruhe zu bewahren, denn nur so sichert man die Arbeitsqualität. Ich kann mir meine Zeit und meinen Tagesablauf gut einteilen. Dadurch bin ich sehr zuverlässig und pünktlich."

„Ich bin vielseitig interessiert und lerne gern Neues. In herausfordernde Sachverhalte arbeite ich mich mit viel Engagement ein und freue mich, wenn ich zur Lösung beitragen oder einen Fall lösen kann."

„Ich kann mich gut in Menschen hineinversetzen und mein Handeln kundenentsprechend anpassen, ohne mich dabei zu verbiegen."

„Ich bin handwerklich sehr begabt und baue in meiner Freizeit auch allerhand Dinge für den privaten Gebrauch. Dies nutze ich zudem als Ausgleich und zur Entspannung."

*Wer immer tut, was er schon kann,
bleibt immer das, was er schon ist.*

Meine Antwort:

_____

*Selbstvertrauen ist der schönste Schmuck.
Tragen Sie ihn immer bei sich.*

Meine Antwort:

_____

Wo sehen Sie Ihre größten Schwächen?

„Ich bin gelegentlich etwas unorganisiert. Manchmal will ich mehrere Dinge auf einmal erledigen und das klappt dann nicht. Um dies zu vermeiden, arbeite ich mittlerweile mit To-do-Listen, auf denen ich meine Prioritäten festlege."

„Meine Kochkünste sind ausbaufähig. Deshalb drücke ich mich gern vor Teambuilding-Events oder Firmenfeiern, die mit Kochen zu tun haben."

„Ich bin handwerklich nicht sehr begabt und habe dafür auch kein Interesse. Dafür kann ich gut …"

„Mein Englisch muss ich auffrischen und mehr üben. Das gehe ich bereits an, indem ich englischsprachige Filme schaue."

„Ich bin sehr nervös, wenn ich vor vielen Menschen sprechen muss. Mir hilft dann nur eine sehr gute Vorbereitung, damit ich mich etwas sicherer fühle."

Was erwarten Sie von uns, was erhoffen Sie sich?

„Ich erwarte ein interessantes Aufgabengebiet, wo ich meine Kenntnisse und Erfahrungen einbringen und Ihr Team unterstützen kann."

„Von Ihrem Unternehmen erwarte ich Forderung und Förderung. Ich möchte mein Wissen stetig ausbauen und verbessern, um für Ihr Unternehmen eine Bereicherung zu sein. Ich erhoffe mir ein angenehmes Betriebsklima, in dem offen kommuniziert wird."

„Ich wünsche mir eine kompetente Einarbeitung in das Aufgabengebiet und die Prozesse sowie ein faires Miteinander. Ich möchte eine klare Zielsetzung, was von mir erwartet wird."

Wahre Stärke liegt darin, seine Schwächen zu kennen und an ihnen zu arbeiten.

Meine Antwort:

Auch Sie dürfen Erwartungen und Wünsche haben, schließlich möchte Ihr neuer Arbeitgeber motivierte und zufriedene Mitarbeiter.

Meine Antwort:

Wie haben Sie sich bisher fachlich weiterentwickelt?

„Da ich in meiner jetzigen Tätigkeit neben meinem Aufgabengebiet auch den Bereich Social Media betreut habe, habe ich mich quasi im Job in einem neuen Fachbereich weitergebildet."

„Neben meiner Tätigkeit als ... habe ich an diversen Projekten mitgewirkt. Hier konnte ich meine Fähigkeiten als Referent ausweiten und habe Mitarbeiter in die neue Technik eingewiesen. Daran bin ich persönlich sehr gewachsen, da ich mich mit unterschiedlichen Abteilungen und deren Interessen auseinandersetzen musste."

„Ich habe in den vergangenen Jahren regelmäßig Weiterbildungsangebote genutzt, um meine Fachkenntnisse zu vertiefen und zu erweitern. Für den Blick über den Tellerrand hinaus informiere ich mich in der Fachpresse und bei Veranstaltungen zu Themen, die an mein Aufgabengebiet angrenzen."

Nach welchen Kriterien treffen Sie Entscheidungen?

„Ich verschaffe mir einen Überblick und setze meine inhaltlichen Prioritäten fest. Im nächsten Schritt wäge ich die Vor- und Nachteile der verschiedenen Möglichkeiten ab und versuche, die Auswahl dadurch zu reduzieren. Ich vergleiche im letzten Schritt die ausgewählten Lösungen und treffe meine Entscheidung."

„Ich beschaffe mir möglichst viele Informationen über Alternativen und entscheide im Ausschlussverfahren, bis nur noch eine Lösung vorhanden ist."

„Ich verlasse mich meist auf meine Erfahrung und mein Bauchgefühl. Damit habe ich bisher sehr gute Ergebnisse erzielt."

„Ich sammle Informationen, beobachte den Markt und bespreche und berate mich mit Personen, die in diesem Bereich bereits Erfahrung haben."

Wer rastet, der rostet.

Meine Antwort:

_____
_____
_____
_____
_____
_____
_____
_____
_____
_____

Wenn Sie sich zwischen zwei Möglichkeiten nicht entscheiden können, werfen Sie eine Münze. Wie die Münze landet, ist egal. Beim Hochwerfen werden Sie merken, auf was Sie hoffen.

Meine Antwort:

_____
_____
_____
_____
_____
_____
_____
_____
_____
_____

Wie gehen Sie mit Veränderungen im Job um?

„Meistens sind Veränderungen auch Chancen. Ich versuche immer, die Vorteile zu sehen und das Bestmögliche aus einer neuen Situation zu machen. Bei meinem jetzigen Arbeitgeber gibt es alle zwei Jahre eine Strukturveränderung. Bisher hatten diese nach einer gewissen Zeit immer eine positive Auswirkung auf mich und meinen Arbeitsplatz."

„Ich prüfe meist genau, welche Gründe für die Veränderung sprechen und welche Konsequenzen diese für mich und mein Team haben. Dadurch kann ich Veränderungen besser einschätzen und beurteilen. Wenn etwas dagegen spricht, bringe ich meine Bedenken konstruktiv an und versuche, für mich, mein Team und das Unternehmen einen sinnvollen Kompromiss zu erwirken."

Wie gehen Sie mit Konflikten um?

„Prinzipiell lebe ich lieber ohne Konflikte. Ich bin der Überzeugung, dass sich viele Konflikte durch eine sachliche Kommunikation vermeiden und auch lösen lassen. Aus diesem Grund spreche ich potenzielle Streitpunkte und Missverständnisse offen an."

„Konflikte lassen sich leider nicht immer vermeiden. Aber ich habe die Erfahrung gemacht, dass man auch viel in Situationen hineininterpretieren kann. Als ich nach meiner Ausbildung in meine erste Abteilung kam, hatte ich das Gefühl, ich wäre einer Kollegin ein Dorn im Auge. Irgendwann reichte es mir und ich sprach sie darauf an. Sie meinte zu mir, sie hätte das gleiche Gefühl bei mir gehabt. Wir waren erleichtert und verstanden uns von da an prima. Seitdem versuche ich, Konflikte immer frühzeitig und direkt anzusprechen."

„Ich vertrete stets meine Meinung, aber bleibe dabei immer freundlich und kompromissbereit. Ich bin der Meinung, dass sich Konflikte auch lohnen können."

*Jede Veränderung bietet die Chance
auf einen Neuanfang.*

Meine Antwort:

---

*Hätten sie nicht gestritten,
wären sie nie Freunde geworden.*

Meine Antwort:

Wie wollen Sie zum Erfolg unserer Firma beitragen?

„Ich habe großes Verhandlungsgeschick. In meinem aktuellen Job konnte ich die Verträge mit Lieferanten zu besonders günstigen Konditionen abschließen und dadurch Kosten senken. Dies wird auch in Ihrem Unternehmen zum Erfolg beitragen."

„Ich habe umfangreiche Systemkenntnisse und war in einigen Optimierungsprojekten tätig. Mit meinen Erfahrungen kann ich auch in Ihrem Unternehmen Verbesserungsmöglichkeiten identifizieren und so die Effizienz steigern."

„Durch mein Verkaufstalent und meine Menschenkenntnis kann ich mich schnell auf verschiedene Kundentypen einstellen und passende Lösungen anbieten. Bisher konnte ich meine Neukunden meist zu Bestandskunden wandeln. Zufriedene Kunden sichern den langfristigen Geschäftserfolg."

Wie motivieren Sie sich?

„Ich motiviere mich durch Erfolgserlebnisse. Wenn ich eine Aufgabe gelöst habe, bin ich sofort motiviert für neue Aufgaben."

„Mich motivieren die kleinen Erfolge im Berufsalltag. Ein konstruktives Gespräch mit meinem Team oder ein zufriedener Kunde am Telefon. Daraus ziehe ich Energie."

„Eine gute Arbeitsatmosphäre sowie ein kollegiales Klima sind meiner Meinung nach die besten Stresskiller und helfen über Rückschläge hinweg."

„Ich liebe es, Dinge zu erledigen und abzuhaken. Das ist meine Motivation. Eine erledigte Aufgabe ist für mich wie eine Tafel Schokolade für andere. Ich sage mir, wenn du das jetzt anpackst, hast du es nachher nicht mehr auf dem Tisch."

Qualität bedeutet, dass der Kunde zurückkommt und nicht die Ware.

Meine Antwort:

Was man mit guter Laune tut, fällt einem nicht schwer.

Meine Antwort:

Was unterscheidet Sie von anderen Bewerbern?

„Da Sie mir ein genaues Bild von der zu besetzenden Position vermittelt haben, denke ich, dass Kommunikationsfähigkeit und Organisationsgeschick sehr wichtig sind. Meine Arbeitsweise ist sehr strukturiert und professionell. Aufgrund meiner Erfahrungen im Kundenservice und in der Gesprächsführung glaube ich, die optimale Besetzung zu sein."

„Da ich hier nur für mich reden kann, möchte ich Ihnen lieber erläutern, warum ich der/die Richtige für diese Position bin. Die in der Stellenbeschreibung aufgeführten Aufgaben entsprechen genau meiner jetzigen Tätigkeit. Ich arbeite selbstständig, organisiert und motiviert. Ich denke deshalb, dass ich die Position in kürzester Zeit voll umfänglich ausfüllen kann."

Wie würden andere Sie beschreiben?

„Mein Chef und meine Freunde würden über mich sagen, dass ich sehr zuverlässig bin. Wenn ich eine Deadline oder Verabredung habe, halte ich diese auch ein."

„Ich werde oft von Freunden nach meiner Meinung gefragt, da ich Situationen gut einschätzen kann und es mir leicht fällt, mich in andere hineinzuversetzen."

„Meine Kollegen würden sagen, dass sie mir Probleme anvertrauen, weil ich Gesprächsinhalte immer vertraulich behandele und Lösungen für Konflikte suche."

„Meine Freunde würden sagen, dass ich begeisterungsfähig bin und mich mit Leidenschaft und viel Motivation Projekten widme."

„Sie würden sagen, dass ich ein Organisationstalent bin, da ich privat und im Job gern die Planung übernehme."

*Bestärken Sie Ihre Fähigkeit,
nicht die Unfähigkeit der anderen!*

Meine Antwort:

_____
_____
_____
_____
_____
_____
_____
_____
_____
_____
_____
_____

*Ihre Freunde und Kollegen haben mindestens
einen Grund, Sie zu mögen.
Teilen Sie diesen mit Ihrem Gegenüber.*

Meine Antwort:

_____
_____
_____
_____
_____
_____
_____
_____
_____
_____
_____
_____

Was tun Sie, wenn sich ein Kunde beschwert und dabei ausfallend Ihnen gegenüber wird?

„Ich versuche, die Gründe für sein ausfallendes Verhalten zu erfahren. Auch der Kunde ist ein Mensch, der einfach einen schlechten Tag haben kann und ein Ventil braucht. Ist mir jedoch ein Fehler unterlaufen, berichtige ich ihn und entschuldige mich. Immerhin ist auch ein aufgebrachter Kunde ein Kunde, der die bestmögliche Leistung unseres Unternehmens verdient und zufrieden sein soll. Wenn sich ein Kunde jedoch regelmäßig unangemessen über alles beschwert, würde ich ihn fragen, warum er immer wieder bei uns kauft."

„Da sowohl ich als auch unser Unternehmen zufriedene Kunden möchte, erfrage ich die Gründe seiner Beschwerde. Ich weise ihn jedoch auch darauf hin, dass ich ihm besser helfen kann, wenn wir auf eine sachliche und freundliche Weise miteinander sprechen."

Sind Sie bereit, Überstunden zu machen?

„Prinzipiell strukturiere ich mir meine Aufgaben so, dass ich sie in der vorgegebenen Zeit schaffen kann. Natürlich gibt es auch unvorhergesehene Situationen, in denen man beispielsweise einen Kollegen vertritt und flexibel sein muss."

„Ich bin mir bewusst, dass gerade in der Einarbeitungsphase und in der Hochsaison Überstunden anfallen können. Ich habe das mit meinem Partner besprochen und bekomme volle Unterstützung."

„In meinem jetzigen Job arbeite ich sehr effizient und organisiert, sodass kaum Überstunden anfallen. Wenn wichtige oder eilige Aufgaben anliegen oder ein Kollege ausfällt, springe ich natürlich gern ein."

„Ich bin durch meine Kinder zeitlich ziemlich gebunden und gewillt, die Arbeit in der vorgegebenen Zeit zu schaffen. Sollten dennoch Überstunden nötig werden, kann ich dies bis zu einem gewissen Maß organisieren."

*Das Feedback des Kunden ist manchmal
schmerzhaft, aber immer gut.*

Meine Antwort:

_____
_____
_____
_____
_____
_____
_____
_____
_____
_____
_____
_____

---

*Wissen SIE, was das Wichtigste ist?
Dann lesen Sie das zweite Wort noch mal.
Überstunden sind in Ordnung für einen begrenzten
Zeitraum und solange es Ihnen gut damit geht.*

Meine Antwort:

_____
_____
_____
_____
_____
_____
_____
_____
_____
_____
_____